円研作業シリーズNo.4＆6.7

円筒研削盤作業
特性を掴む

得たデータを理数で解析、
見極めて特性を生かす

著者が永年に亘り目でたしかめ、手で触れ、肌で感じ、
体で身に付けた技術で書き上げた教本です。
髙橋邦孝氏による、シリーズ第３作目となる著書です。
他に例をみ見ないほどの詳細な記述と図解で、
円筒研削盤加工の技術継承の本としてお奨めします。

宮城県職業能力開発協会
会長　小林　嵩

プロローグ

まずは、カバーと表紙に係る円筒研削盤作業シリーズ№について辻褄を合わせておきたいと思う。実は種本にした手作り技術冊子があり、この各冊には円筒研削盤作業の基礎・基本としてきた全体を内容ごとに区分し連番を付してきた経緯がある。上梓にあたり、こだわりにしてきた作業内容を著作３冊の紙面とページ数に配分対応の必要が生じ、円研作業シリーズ№５を２冊目に取り立て、著書３冊目にはシリーズ№４・６・７を配分、「円研作業シリーズ№４&６・７」と明記し振り分けた。ちなみに３冊目にはシリーズ全体のまとめを兼ね、シリーズ総括の意図を盛り込み、タイトルを**「円筒研削盤作業　特性を掴む」**と銘打つことにした。

年月を遡り、円研を始めた当時の心境を改めて回想してみた。作業の傍ら、得た技能・技術を職場内で共有出来ないものか、技術・技能の伝承・継承に繋げることは出来ないか、はたまた学生や若年技能者の育成に資すべく教材は作れないか等々、思いは常にせわしなく執拗に掻き立てられていた。

この思いはやがて技術メモ作りの原動力となり、手作り技術冊子の作成につながった。ためらいを捨て、すかさず職場回覧を実施、継続実施を図っていった。遠慮を考えない若気の至りであった。当然と受け取るべきか職場内の反応は冷ややかで、成果にはほど遠いものであった。特に職場内は業務改革を進めている最中とあって、業務改革に逆行しているとする文言を突きつけられる場面もあった。

さて、シリーズ１冊目、２冊目の円筒研削盤作業では平易な長･短シャフト形状の円筒ものの加工を旨とした事例を取り立てた訳だが、１冊目は方法・作業要領を、２冊目は作業に係る不具合・調査・解析・対策をつぶさにコメントした。本書では円筒研削盤作業の特性（機械と作業の癖）に絞ってまとめてみた。

企業人となり初めて機械作業に携わったとき、バイト（刃物）一本を作ってもらい、機械操作を教わり、「この機械の癖を掴んで加工しろ！」

と指導されて仕事を申し渡された。当日から残業であった。それから数年が経ち、特性という言葉を知った。やがて特性は癖と同義語であることを体得し、以後の作業に生かされていった。また、ものづくりの次の行程で、喜ばれる品物を作ることが良い技能者となることに繋がるスキルアップ上、大きな意義を持つ悟りを得る機会となった。

第１部ではテーパー形状のワーク加工を旨として、内外研可能のチャック作業の特性について言及してみた。

次いで第２部では、除去加工に於ける高精度加工に不可欠な作業に秘められた、ステ研と称する機械の機能と作業の絡み合いの作業について、その特性をコメントし、第３部では作業の特性を理数で捉えていく幾何的・物理的事例（実作業で用いている活用例）等で明示した。

この特性については１、２冊目の中で説明してきたが、この内容をも盛り込み、円筒研削盤の作業観を総まとめにしてみた。因みに、データ収集に関わった測定器・補助具等の忘れられない思いがあり、図（1/13~13/13）を、紙面各所へランダムに挿絵として挿入した。

目 次

円研作業シリーズNo.4

第１部

万能研削盤でテーパーを削る

（金型・治工具・試作部品）

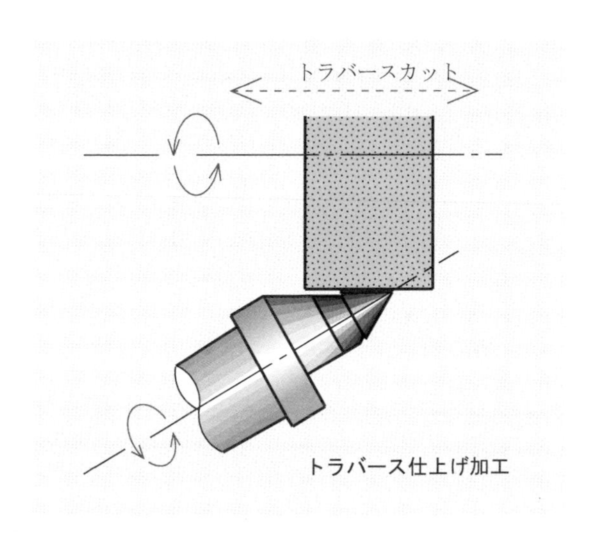

第１部によせて

東日本大震災から今日で丁度３か月目､復興の兆しが出てきたものの、まだその道は遠いと新聞が訴えていた。個人的にもそう思う。しかし、一人ひとりの力は小さくても、自分の務めを自覚し、精進して行く先には必ず復興の日がくることを信じて止まない。

この復帰・復興の思いに乗せられ、ささやかに続けてきた技能継承の思いを絶やさぬ活動を続けていく決意を新たにし、手作り技術冊子「円研シリーズ№４・万能研削盤でテーパーを削る（学校の実技指導補完の書として使用し、時を経て上梓３冊目の内容の一部を構成する種本となった)」の作成に力を傾けることにした。

当冊子が示す内容は、当時、職場の次長職をしておられた熊谷義昭氏から受けた、若年技能者への指導要請を踏まえ、その趣旨でまとめた技術メモに、若干の加筆を添えて再生したものである。ちなみにこのオリジナル（手書き本）は、1991 年３月、現場の指導に資する目的でまとめた手書き本で､丁度20年目に当たる｡著者は当時技能習得途上にあり、円筒研削技能レベルも低く、項目を羅列し、内容も初歩的なものとなっている。

チャレンジ管理表（従業員個人の期当たりの業績評価の判断に資される一資料となる）の綴りをひもといてみると、当時は、1990 年度下期に当たり、動圧軸受のシリーズでオーダー加工の対応に直面している最中にあった。チャレンジ主項目の動圧軸受をはじめ、副項目にしているテーパーマンドレルの制作、テーパーマンドレルを使った研削加工及び段取りを取り上げ、作業の標準化を進めていた。当時は若さもあり、その間を縫い精力的に、角度加工の現状を夢中で書きまとめていた。

角度加工は平行削りとは異なり、機械の構造上の制約、段取り、加工の仕方の違い、工程が長い等複雑な作業になるが、反面、面白さを感じつつあった。

オリジナルの書は、序文があれども跋文なしという、締まらない書物であった。当時は日常の業務とチャレンジを抱えた上で技術メモを書くという作業であったから、致し方のない一面があったと思っている。
　以後、角度加工の仕事が次々巡ってきた。時間に追われ、作業の内容は複雑多岐にわたっていたため、事例として記録する術はなかった。いずれかの機会を得て追加・吟味して書き入れることにした。

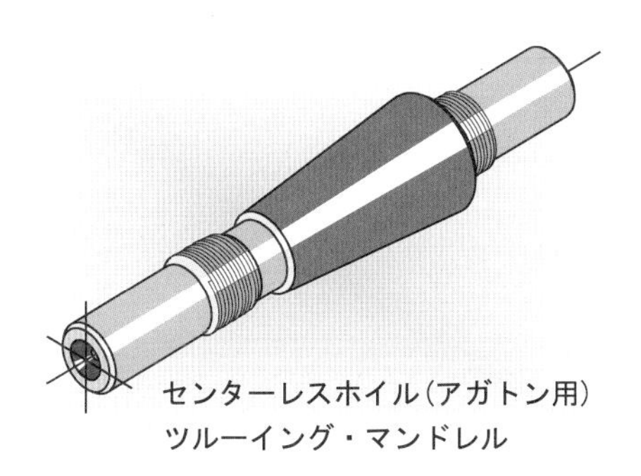

センターレスホイル(アガトン用)
ツルーイング・マンドレル

序

テーパー研削加工は、外筒及び内筒研削加工法を角度加工に応用したもので、この研削加工では、主に角度の加工精度が重視される。出来上がったものは、角度の精度のほか、振れ精度、寸法精度、現合精度等、設計（要求）仕様を満たすものでなければならない。

テーパー研削作業は平行な円筒研削加工とは異なり、段取りを行う上で、若干の複雑さが伴う。機械に組込まれている角度設定機構の操作から始まり、設定角度の補正作業、出来上がったワークピース（被加工物）の測定、現合精度の測定（アタリ％とアタリ傾向）等、一連の作業を踏まえて順次行っていく。

テーパー加工は、万能研削盤（通称円研盤）で行うことになるが、この機械は字が示しているとおり、ワーク内外の平行削りの他、テーパー削り（円筒物の角度加工）、端面研削加工等万能の機能を発揮する。しかし、テーパー加工に関しては、平行削りに比べて段取りや、研削作業の準備に不具合が生ずる頻度が多く、場合によっては、その対策に苦慮することも少なくない。

たとえば、類似形状のワークピースといえども、ワークの直径、長さ、角度、そして使用砥石径等が異なると、機械構造の制約により、以前には加工出来たはずの段取りでは行うことが出来ず、挙句の果てに工具の製作まで強いられることもある。

また、砥石径の変化、トラバースカットとプランジカットの選択が絡む場合も何らかの不具合が生ずることがある。

この様にテーパー加工は、要求仕様を満たす研削加工条件確保のため、ワークピースの形状や機械の構造上の特殊性を熟知して、その点を十分考慮して掛からなければならない。

金型、治工具、試作部品等のテーパー研削加工に携わってきた経緯の中で行った実際のテーパー研削作業と、その周辺技術の現状を記述してみたい。

1991.3.18

生産技術部

生産技術2課　試作グループ

髙橋邦孝

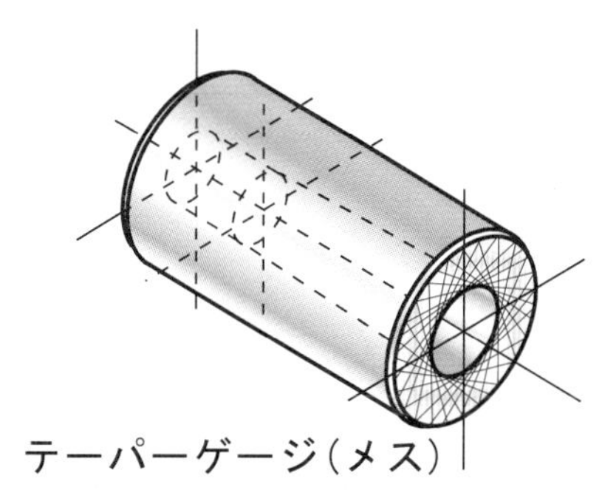

円筒研削盤作業の測定に係る機器・工具・消耗品の例（1/13）

第 1 章　万能研削盤で研削加工されるテーパー加工

1.1　テーパー研削加工品

テーパーとは言うまでもなく、図 1.1 で示す角度物の場合、$\frac{\phi D_1 - \phi D_2}{L}$ の式で表される。この式は、円筒物の角度物を加工する際には、非常に都合の良い代替えの表現であると考えている。テーパー加工仕様の研削加工品は、この数値に基づいて加工角度の段取り、研削加工が行われ、且つ加工～測定の間で幾度か旋回テールの角度修正が行われ、仕様が示す許容値を満たした測定値をもって評価され､仕上がりが確認される。

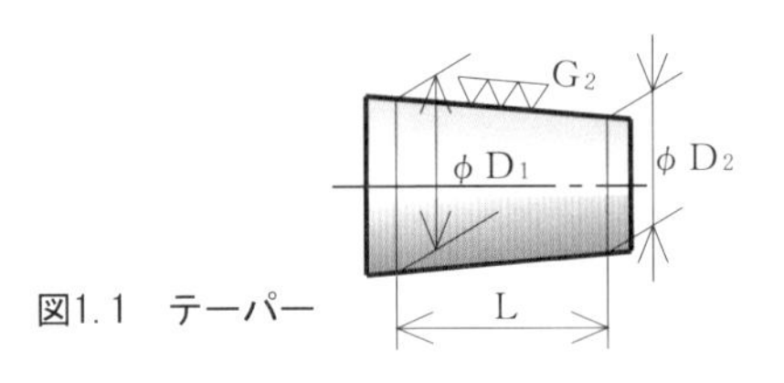

図1.1　テーパー

テーパーの加工がなされるワークピースは、オーダー仕様が示す角度により、狭角度物と広角度物に大別される。狭角度物には図 1.2 の様な 1/5,000 テーパーマンドレルとか、図 1.3 の心無し研削盤用のテンプレート、図 1.5（MT5）様な規格物などがある。

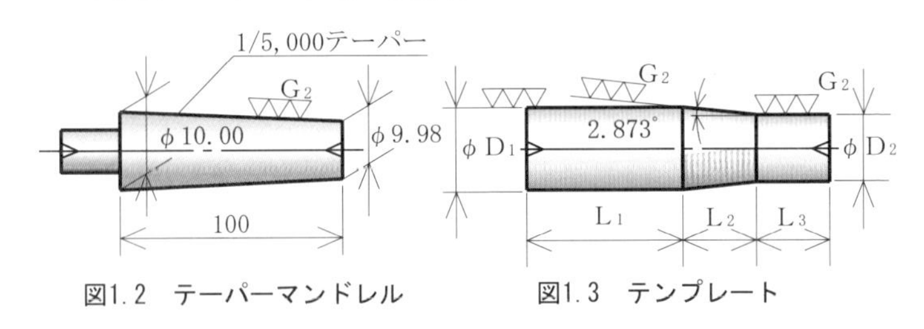

図1.2　テーパーマンドレル　　図1.3　テンプレート

一方、広角度物としては、図 1.4 の様な角度をもったフランジの類、図 1.5 の支持センターの様な物がある。また、モールステーパ、ナショナルテーパ、ジャコブステーパの類は、現合（ゲージ合わせ）精度により仕上り精度を評価されることが多い。ゲージを備えていないものについては、寸法測定によって角度を割り出し、角度のできばえをもって評価する。

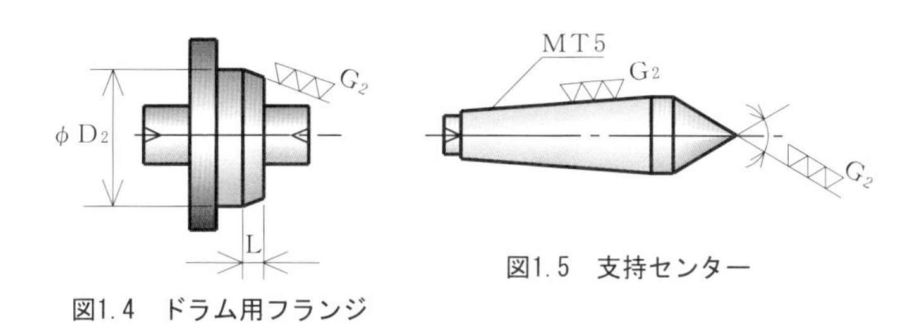

図1.5　支持センター

図1.4　ドラム用フランジ

研削加工角度の設定は、テーブルの振り、成形した砥石の角度、主軸台旋回角度、砥石台の旋回角度等の角度そのものを単独に使い、ないしはそれらの合成角度（組み合わせ使用）によって行われる。

テーパー加工品のできばえは､図 1.6 で示している様に様々であるが、加工の表面は狭角度・広角度を問わず、表 1.1 の座標 PQ を通り抜ける直線の様に仕上がっていること（図 1.6 - C 参照）が大切である。

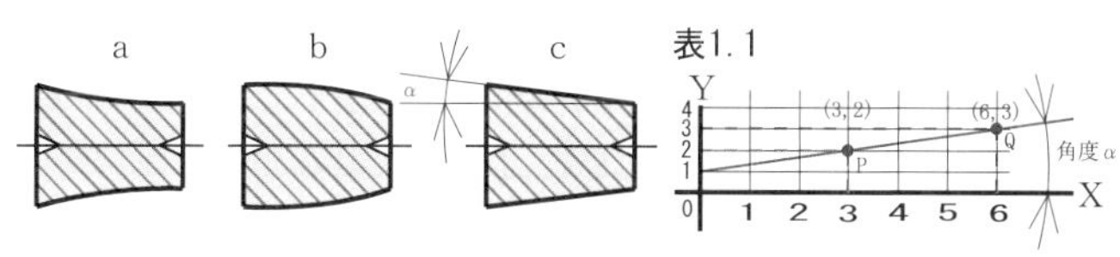

図1.6　テーパーの仕上がり形態（断面形状）

1.2　テーパー研削作業

万能研削盤で行われるテーパー研削作業は、外面研削作業（図 1.7）と内面研削作業(図 1.8)に大別出来る。過去に行ってきた金型､治工具、試作部品の研削加工の経緯を基にその頻度と割合を概観すれば、前者が圧倒的に多い。

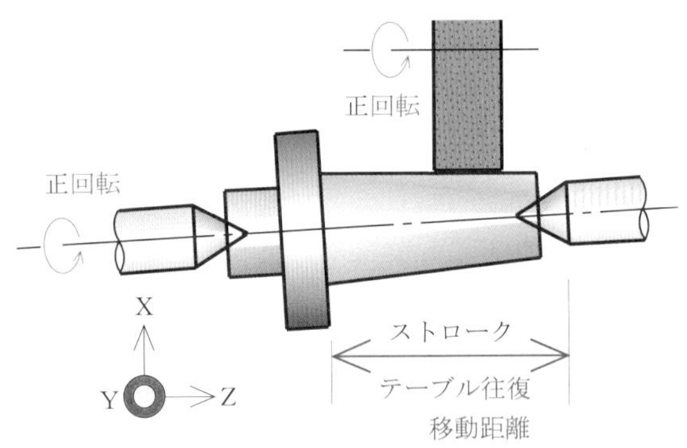

図1.7　外面テーパー研削

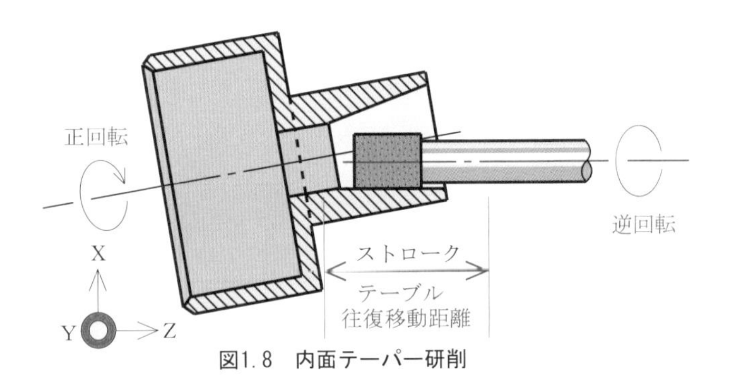

図1.8　内面テーパー研削

前者の外面研削作業では、両センター作業（図 1.7）が大半を占め、スクロールチャック（四方締チャックを用いて行うこともある）作業（図 1.9）とコレットチャック作業がこれに次ぐ形になっている。

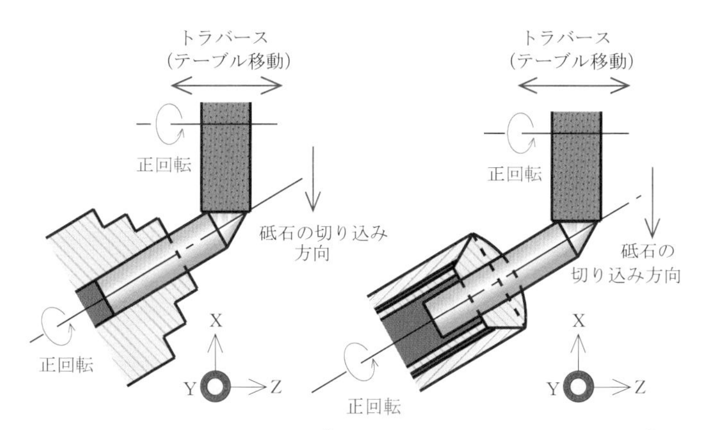

図1.9　スクロールチャック作業　　図1.10　コレットチャック作業

また、特殊な治具（図 1.11）にワークピースを締結して行う外研作業もある。

後者の内面研削作業は、チャック作業が主で、特殊な治具にワークを締結して行われる場合（図 1.11）がある。外面研削と異なるところは、インターナルヘッド（内面研削砥石軸）を用いて研削加工を行うことである。

内外研削されたそれぞれのワークピースは、角度の測定、あるいは、現合精度の測定、振れ精度及び仕上り寸法の測定等が行われる。これらの詳細については、追って記述する。

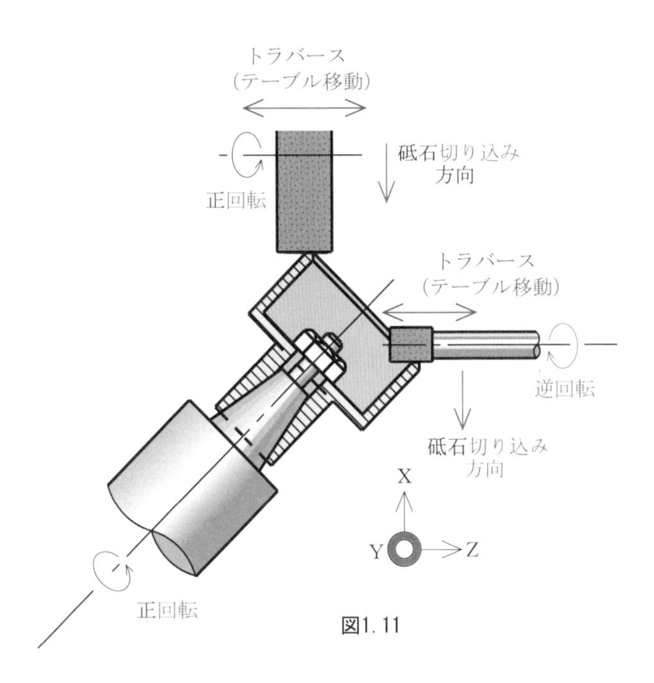
トラバース
(テーブル移動)
砥石切り込み
方向
正回転
トラバース
(テーブル移動)
逆回転
砥石切り込み
方向
X
Y
Z
正回転

図1. 11

1.3 テーパー（狭角度物）の研削加工手順

狭角度物のテーパー（図 1.12）の研削加工手順は、概ね次の手順（表 1.2）を踏まえて行われる。

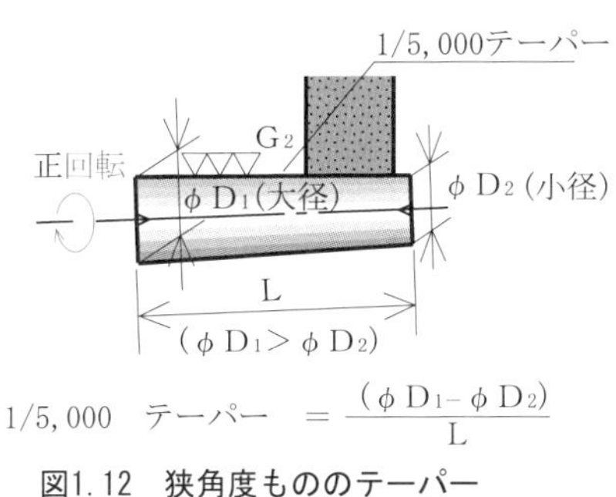

$$1/5,000\quad テーパー\quad = \frac{(\phi D_1 - \phi D_2)}{L}$$

図1. 12　狭角度もののテーパー

表1. 2　狭角度テーパーの研削加工手順と作業内容

順	工　程	作業内容	目　的
1	粗削り準備	①ワーク外径測定	研削代の確認
		②粗研削加工完了時の径を決める	仕上がり大径＋研削代を決める
2	ドレッシング（粗削り用）	①砥石ドレッシング	粗削り用砥石作用面を得る
3	平行出し（図1. 13参照）	①皮剥き作業 ②平行出し（$\phi D_1 = \phi D_2$）にする	余肉削りの準備
4	粗削り	①粗削り（余肉除去）	仕上げ代を残す（得る）

5	テーブルの 角度設定	①円筒度測定	テーパーの度合いを把握
		②テーブル旋回量決定	研削角度条件の設定
		③テーブル旋回、 テーブル固定	テーパー研削加工の 角度段取り　完了
6	中削り	①テーパー削り	角度試し削り
		②テーパー測定	テーパー補正値計算
		③テーブル角度補正	要求仕様角度の許容値を満たす
7	仕上げ削り	①仕上げ削り	目的の品質を得る
8	測定	①ϕD_1、ϕD_2 を測る （指示マイクロ使用）	実寸が許容値内にあることを確認

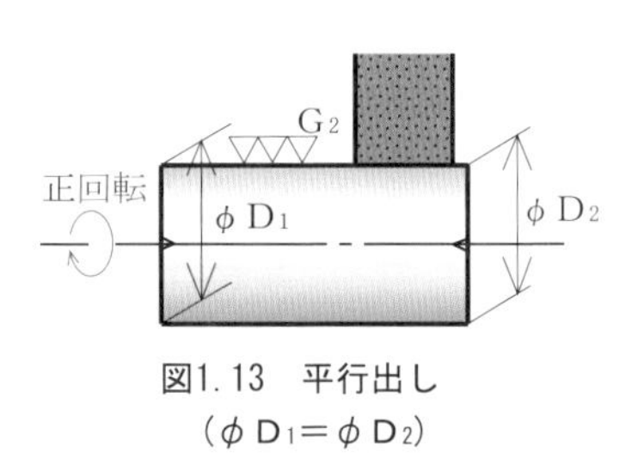

図1.13　平行出し
（$\phi D_1 = \phi D_2$）

1.4　テーパー（広角度物）研削加工手順

広角度物のテーパー（図1.14）の研削加工手順は、概ね次の手順（表1.3）を踏まえて行われる。ただし、スクロールチャックを用いて行う外研作業や内研作業の場合は、若干の工程が変わる。

表1.3　広角度テーパーの研削加工手順と作業内容

順	工　程	作業内容	目　的
1	粗削り準備	①ワーク外径測定	研削代有無の確認
2	ワークセット	①両センターで支持する	研削加工の準備（段取り）
3	測定基準面研削	①側面研削(図1.15)	角度測定基準面
4	20°専用砥石取り付け	①通常砥石と入れ替える	角度ドレッシング準備
5	角度ドレッサー段取り(図1.16)	①角度ドレッサーをテーブルに取り付け ②角度20°にセット	ツルーイング（20°）準備
6	砥石成形	①成形作業	角度研削加工の準備
7	研削加工（プランジカット）	①皮剥き	テーパー測定準備
		②余肉削り	仕上げ研削加工準備
8	テーパー$20^{\circ}{}^{+10'}_{0}$の狙い値計算	①$1/2\cdot(M_1-M_2)$の理論値計算—20°（最小値）と20°（最大値）〔注〕	測定値の許容値(角度合否の判定基準を決める)
9	角度測定	①測定段取り（図1.17）	
		②M_1、M_2 測定、計算	角度良否判定準備
		③角度許容値の判定	良否(修正量把握)判定

10	テーパー修正	①テーブル角度補正	実測角度を許容値内に入れる
11	仕上研削加工	①テーパー修正研削	合格品にする
12	測定	①上記9-②③を繰り返し角度を割り出す	許容値に入っていることを確認する

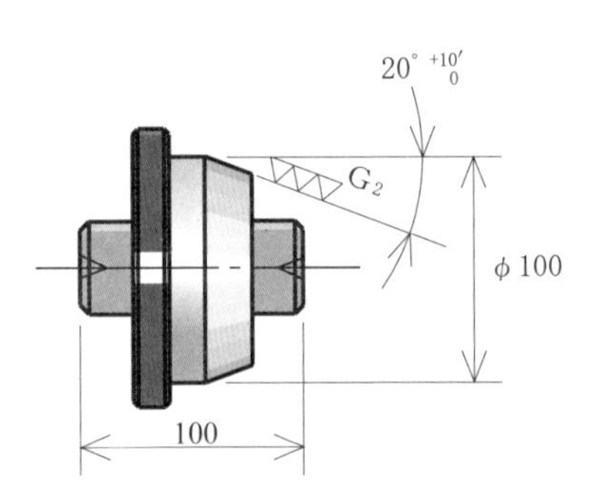

図1. 14　テーパー（広角度物）

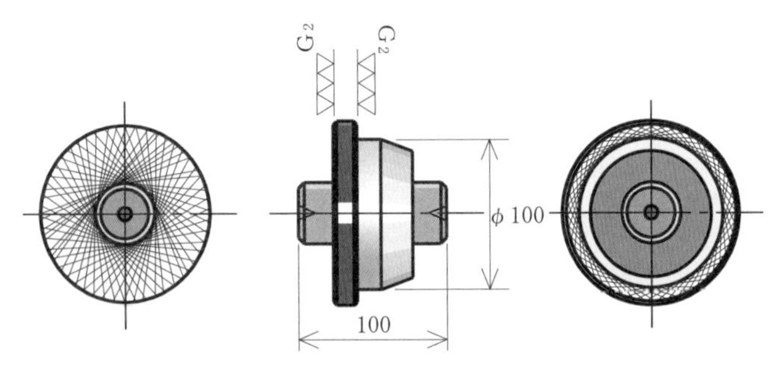

図1. 15　側面研削（アヤメ模様創製）

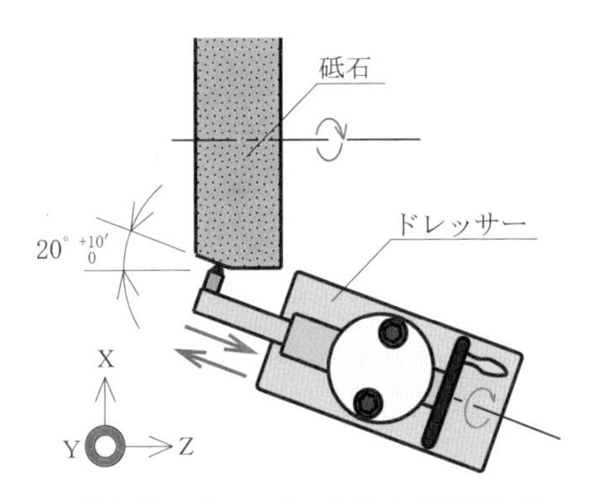

図1.16　ドレッサーと角度成形段取り

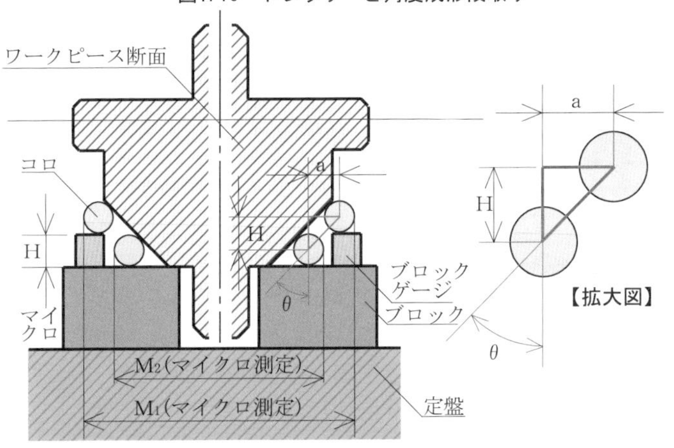

図1.17　角度測定段取り

《注》図1.17よりθを計算する　$\tan\theta = \frac{a}{H} = \frac{1}{2} \cdot \frac{M_1 - M_2}{H}$

θは、三角関数表から求める

第２章　テーパー研削加工段取りの標準化

2.1　万能研削盤のテーパー研削加工上の特殊性

万能研削盤は、外研・内研、側面研削、並びに、これらの研削加工にバリエーションを加えた内外研削加工が出来る、いわゆる万能性を発揮することが出来る有用な工作機械である。

しかし、無条件でその機能が出てくるものではない。テーパー加工については、ストレート部の加工とは異にして、万能研削盤そのものの機構から、研削作業並びにその段取りに様々な制約を受けることが多い。

特に、両センター作業に於けるテーパー研削加工の角度設定については、ワークピースと各機構（主軸台、砥石台、心押し台等）と各機構の位置関係をどのように確保したら良いのか常に突き当たる。更に、面粗さ精度の仕様から、トラバース研削加工あるいはプランジ研削加工の選択が迫られ、機械構造上のテーブル摺動範囲の制約があり、段取り位置の吟味が求められる。

また、チャック作業に於いては、両センター作業の場合と同様、位置関係の確認はもとより、テーパー加工の広角度設定の作業（テーブル旋回角度と主軸旋回角度の組み合わせ等）、はたまた特殊工具の製作をはじめとする吟味を重ねなければならない事が出てくる。

万能研削盤が有する本来の機能（万能）を引き出し、良い加工ができるようにするためには、万能研削盤の癖（特性）を知り尽くし、万能研削盤作業の持ち味が遺憾なく出せるように精進していく姿勢が求められる。

2.2 テーパー研削加工段取りを困難にしている要因（TUGAMI T-UGM350の例）

テーパー加工段取りは、平行削りの段取りと異なり難しさがあることを既に述べてきた。段取りを困難にさせている要因は、砥石径の大小、ワークの長短及び径の大小、作業（両センター、チャック）、研削加工の形態（内・外研）、用いる治具、機械の構造（機構）等の絡みから、段取りをしてみないと判らない事情があり、作業要領・進捗が読み切れないところにある。

2.2.1 平行削りの場合のワークピースと各機構の位置関係

テーパー加工の理解を容易にするために、初めに平行削り段取り（図2.1）を示しておく。テーパー加工に対する通常のシャフト加工の場合には、図が示すワークと各機構の位置関係において加工が行われる。

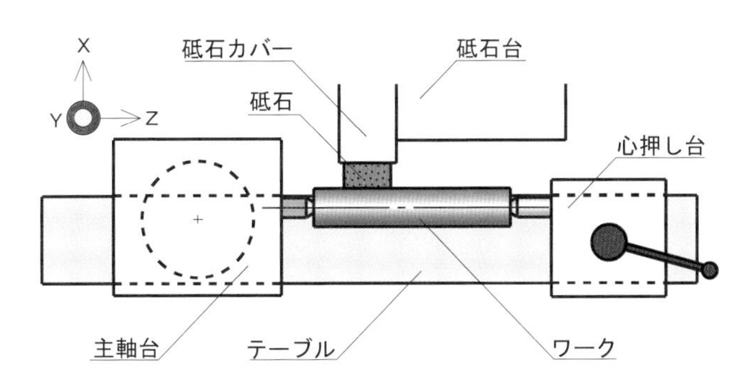

図2.1　平行研削の場合のワークピースと各機構の位置関係

2.2.2 テーパー削りのワークピースと機構の位置関係並びに不具合と要因

例	ワークピースと機構の位置関係	不具合のケース	要因
①	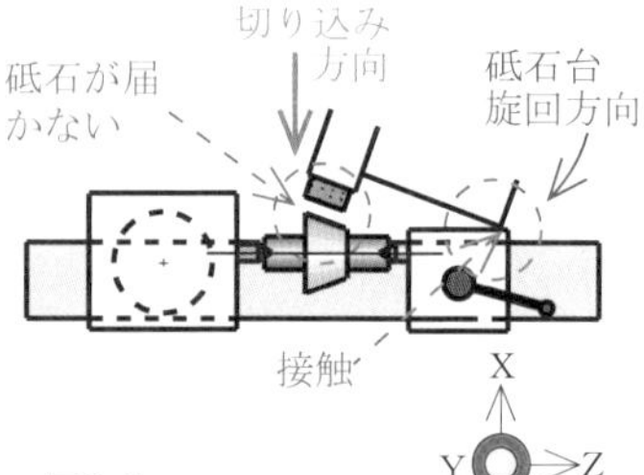 切り込み方向 砥石が届かない 砥石台旋回方向 接触 X Y Z 図2.2	砥石台を時計回りに旋回させた場合 ↓ 砥石台とテーブルが接触	1)砥石径小 2)ワーク径小、二つの条件が重なってしまった
②	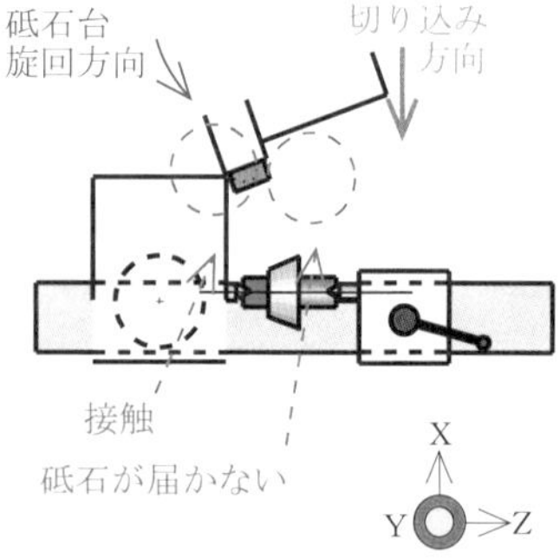 砥石台旋回方向 切り込み方向 接触 砥石が届かない X Y Z 図2.3	砥石台を反時計回りに旋回させた場合 ↓ 主軸台と {砥石カバー フランジ 砥石 が主軸台に接触して、砥石作用面がワークに届かない	1)砥石径小 2)ワーク径小 3)テーパー部が主軸台寄り、この3条件が重なってしまった

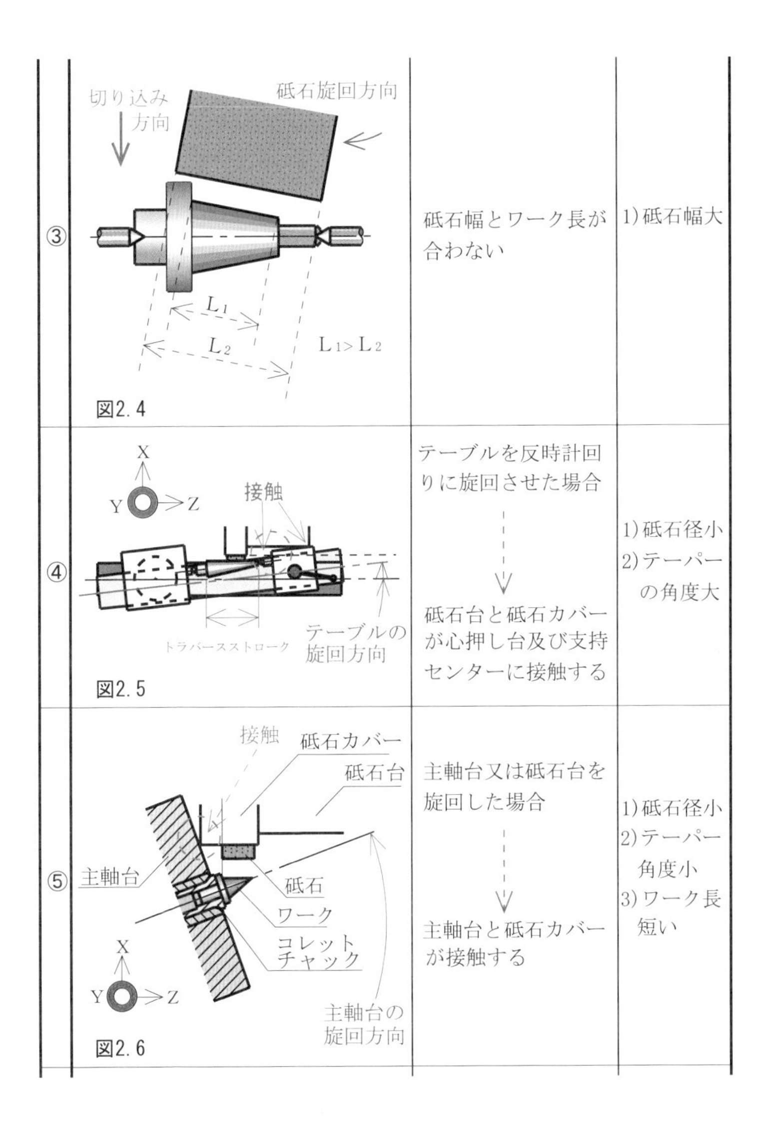

③	図2.4	砥石幅とワーク長が合わない	1)砥石幅大
④	図2.5	テーブルを反時計回りに旋回させた場合 ↓ 砥石台と砥石カバーが心押し台及び支持センターに接触する	1)砥石径小 2)テーパーの角度大
⑤	図2.6	主軸台又は砥石台を旋回した場合 ↓ 主軸台と砥石カバーが接触する	1)砥石径小 2)テーパー角度小 3)ワーク長短い

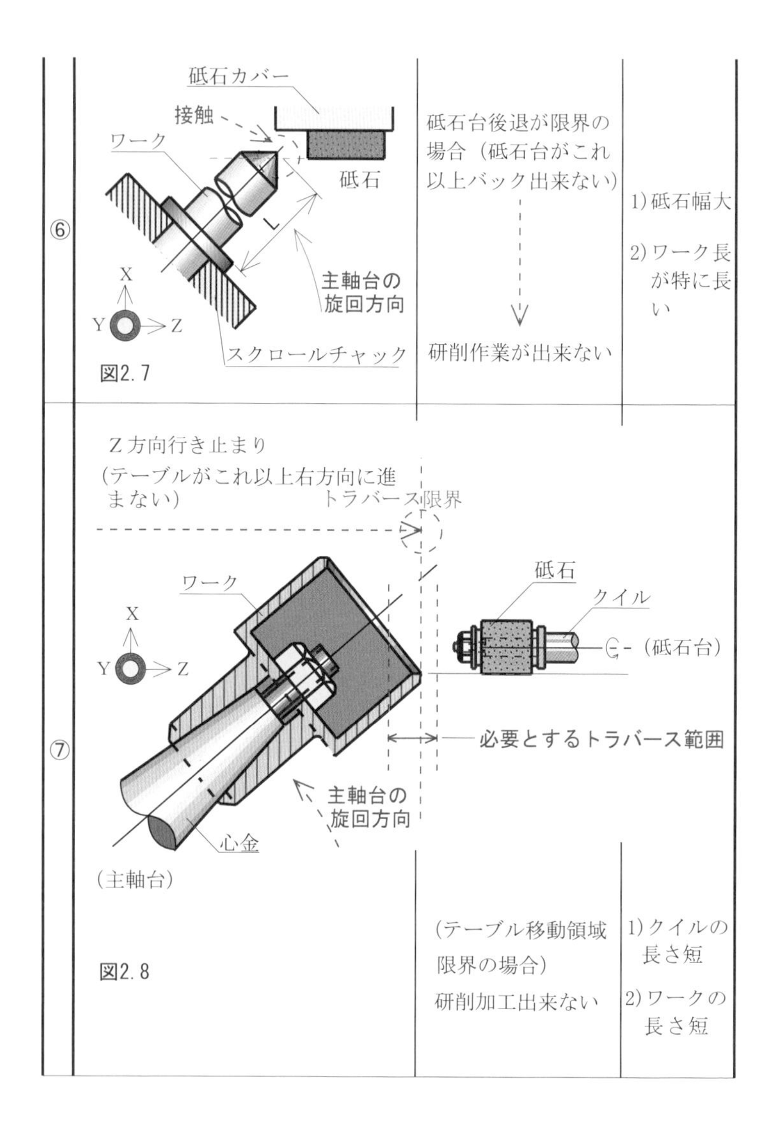
⑥
砥石カバー
接触
ワーク
砥石
L
主軸台の
旋回方向
X
Y
Z
スクロールチャック
図2.7
砥石台後退が限界の場合（砥石台がこれ以上バック出来ない）
研削作業が出来ない
1) 砥石幅大
2) ワーク長が特に長い
⑦
Z方向行き止まり
(テーブルがこれ以上右方向に進まない)
トラバース限界
ワーク
X
Y
Z
砥石
クイル
(砥石台)
必要とするトラバース範囲
主軸台の
旋回方向
心金
(主軸台)
図2.8
(テーブル移動領域限界の場合)
研削加工出来ない
1) クイルの長さ短
2) ワークの長さ短

2.2.3 テーパー研削加工段取りの改善例

前ページ「2.2 テーパー研削段取りを困難にしている要因」を踏まえ、次のような対策を行い改善を図った。対策の基本項目としては、a. 砥石成形の工夫、b. 砥石径の選択、c. 工具製作、d. アタッチメントの改造、e. 角度合成の工夫などを挙げることが出来る。

表2.2　万能研削盤(TUGAMI T-UGM350)の場合

例	対策のポイント	改善内容		備考
①	成形器の改造と砥石成形	成形器を左右角成形が出来る様に改造した	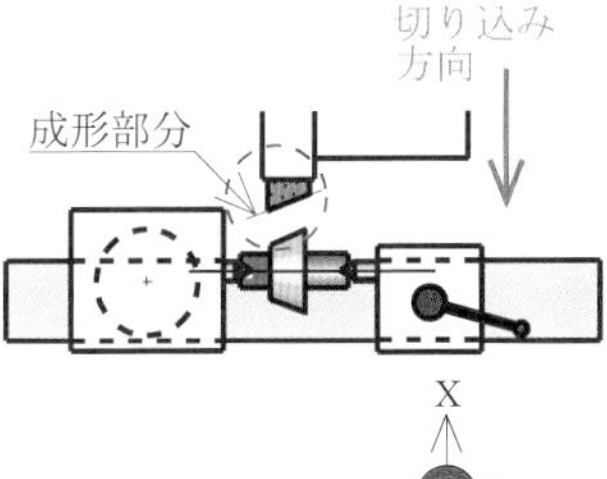 図2.9	片側（左側面）しか成形出来なかった
②	砥石台旋回と砥石成形	ニゲ部分成形の工夫	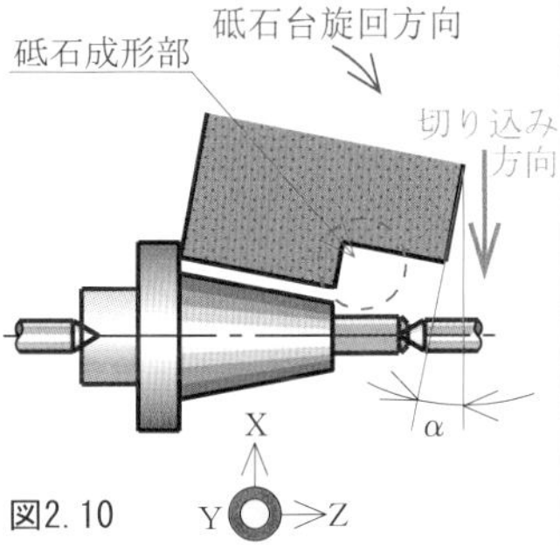 図2.10	図2.11 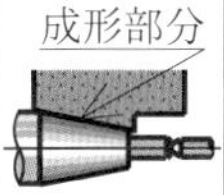 ツバ無しの場合砥石台の旋回無し

③	砥石径大を使用	新しい大径の砥石に取り替えた	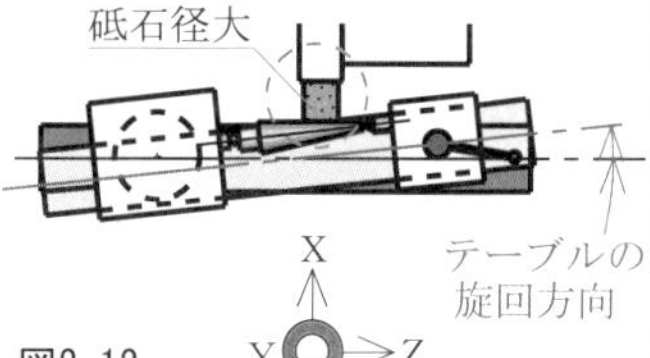 砥石径大 テーブルの旋回方向 X Y Z 図2. 12	
④	アタッチメント製作	ロングスリーブを製作した	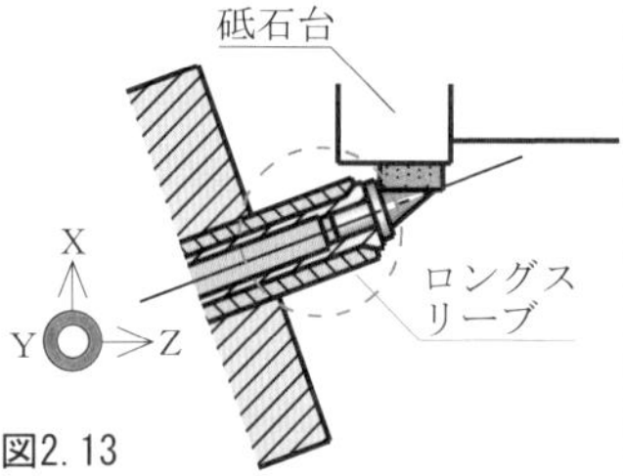 砥石台 ロングスリーブ X Y Z 図2. 13	
⑤	旋回角度の合成	砥石台とテーブルの旋回角度を組み合わせ位置関係を確保する	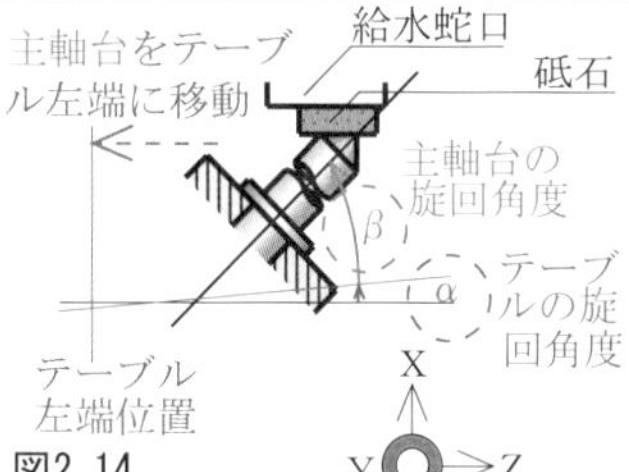 給水蛇口 砥石 主軸台をテーブル左端に移動 主軸台の旋回角度 β テーブルの旋回角度 α テーブル左端位置 X Y Z 図2. 14	
⑥	アタッチメント(ロングクイル)の製作と旋回角度の合成	ロングクイルと砥石台、テーブル双方の旋回角度を合成することにより位置関係を確保する	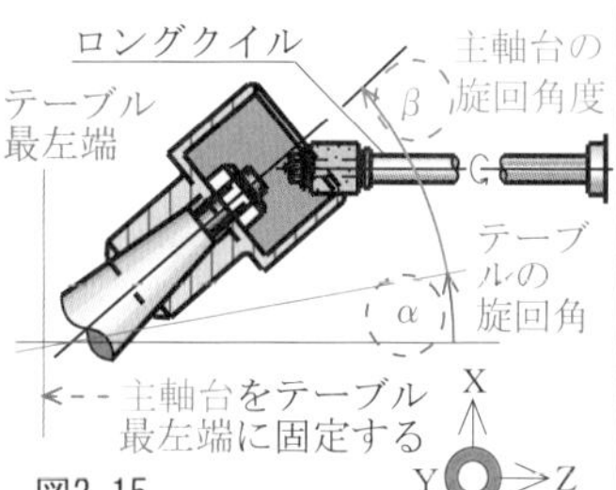 ロングクイル 主軸台の旋回角度 β テーブル最左端 テーブルの旋回角 α 主軸台をテーブル最左端に固定する X Y Z 図2. 15	トラバース摺動範囲と砥石台摺動範囲の両制約により、角度設定が難しい

2.2.4 テーパー研削加工段取りに関する標準化の必要性

シリーズ物など同一オーダー品を加工しようとするとき、砥石径が変化（例えば径小になった場合）しただけで、前回と同じ加工段取りをしても、加工が出来なくなることがある。2.2.2 図がその例である。その様な場合には、段取りを取り外し、別の段取りを行ってやり直しをしなければならない。このことは無駄作業に通ずることで、決して好ましい技能・技術のあり方とはいえない。このような例は得てして初心時に経験することである。

段取りのやり直しを回避し、段取り時間や工法の検討時間の縮小等に結びつけるべく考え方を発展させ、作業性の高い段取りを考えたいものである。願わくば一回の段取りで、加工に入れる確実性の高い段取りに替えていく強い意識を持って対応したい所である。

特に、テーパー加工に係る万能研削盤作業ではこの機械の特殊性（一般的な機械ではあるが）を念頭に置いて考えることが求められる。この認識を強め、ワークピースの形状･機械の構造の絡みを日頃から考察し、加工段取りの詰めを行っておくことが必要である。

かつて、日常業務のなかで様々な形状のテーパー研削加工のオーダーを受けてきた。テーパー加工に即応出来るテーパー研削加工段取りに関する標準化の必要性をここに取り上げた所以である。

2.3　テーパー研削加工段取り標準（TUGAMI T-UGM350 の場合）

テーパー研削加工の不具合調査及び対策を踏まえ、且つ、ワークの形状、作業の形式（両センター、コレット、プランジカット、トラバース等）更に機械の絡みを重視し考察した結果、以下に示す６タイプのテーパー研削加工の段取り項目が挙がり、各々の項目について標準化することにした。係る項目は、次のとおりである。

1）テーブルを旋回して角度を得る場合
2）砥石台を旋回して所定の角度を得る場合
3）砥石を成形して、所定の角度を得る場合
4）砥石を所定の角度に成形し、且つ、砥石を旋回して角度を得る場合
5）主軸台を旋回させて角度を得る場合
6）主軸台、テーブル双方を旋回させて、角度を合成して得る場合

以上の項目をして、テーパー研削加工の要求仕様に応じ得るものとした。次に TUGAMI T-UGM350 の場合の例を具体的に示していく。

2.3.1　テーブルを旋回して角度を得る場合

表2.3

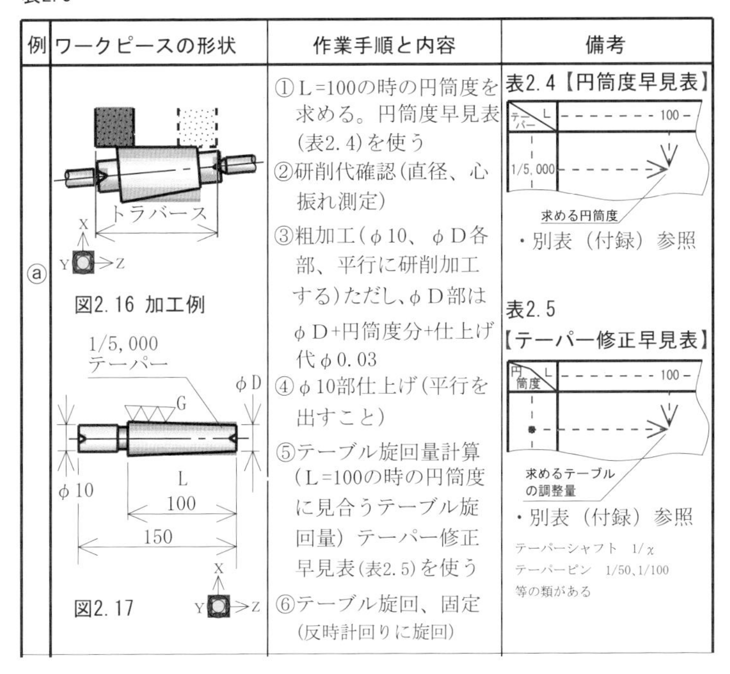

例	ワークピースの形状	作業手順と内容	備考
ⓐ	トラバース 図2.16 加工例 1/5,000 テーパー G　φD　φ10　L　100　150 図2.17	①L=100の時の円筒度を求める。円筒度早見表(表2.4)を使う ②研削代確認(直径、心振れ測定) ③粗加工(φ10、φD各部、平行に研削加工する)ただし、φD部はφD+円筒度分+仕上げ代φ0.03 ④φ10部仕上げ(平行を出すこと) ⑤テーブル旋回量計算(L=100の時の円筒度に見合うテーブル旋回量)テーパー修正早見表(表2.5)を使う ⑥テーブル旋回、固定(反時計回りに旋回)	表2.4【円筒度早見表】 テーパー　L　100　1/5,000　求める円筒度 ・別表（付録）参照 表2.5【テーパー修正早見表】 円筒度　L　100　求めるテーブルの調整量 ・別表（付録）参照 テーパーシャフト　1/χ テーパーピン　1/50､1/100 等の類がある

MT 及び NT テーパーは、規格品である。したがって、角度が決まっている。その規格のブロックゲージ（テーブル旋回量に相当する）を予め製作しておき、図 2.19 の様に、ブロックゲージをセット（挿入）して行う方法もある。―万能研削盤（Studer -S30）で行っている。

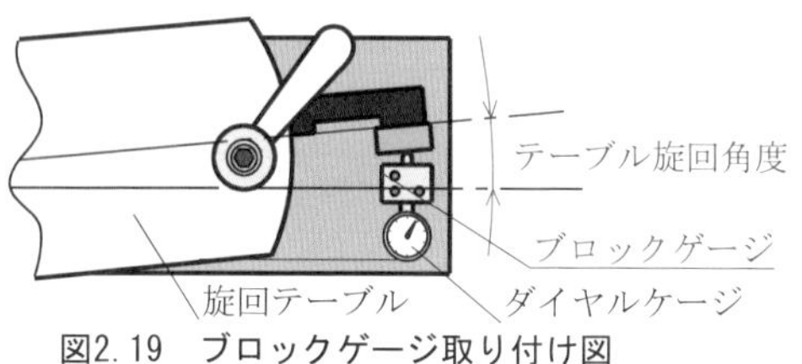

図2.19　ブロックゲージ取り付け図

2.3.2　砥石台を旋回して所定の角度を得る場合

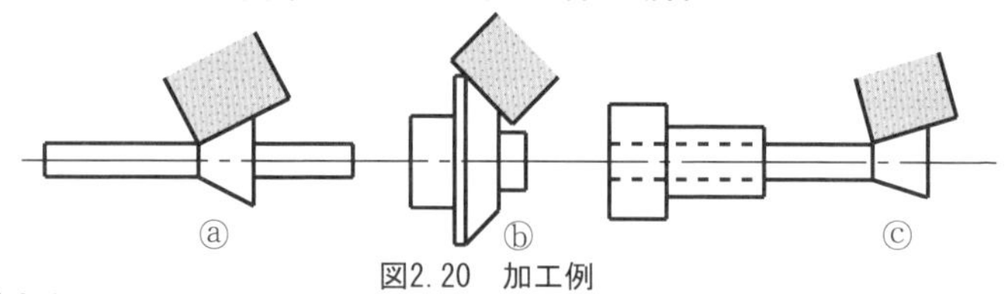

図2.20　加工例

表2.6

例	ワークピースの形状	作業手順と内容	備考
ⓐ	G2 260 図2.21	①砥石をドレッシングする ②砥石台の旋回角度（角度が記入されていない場合）を計算する ③砥石台をバックさせる ④指示された角度（又は計算された角度）だけ反時計回りに砥石台を旋回する	心間が長く、テーパー部分がワークピースの中央付近にあるものに適す エグロ旋盤用テストバーバンダム用ホブ200用の類
ⓑ	20° G2 φ120 圧入ピン 100 図2.22	① ②　}　ⓐと同じ ③砥石台を手前に移動する ④計算された角度(指示された角度)だけ反時計回りに旋回する	ワークピース大径且つ砥石大径の時に最適

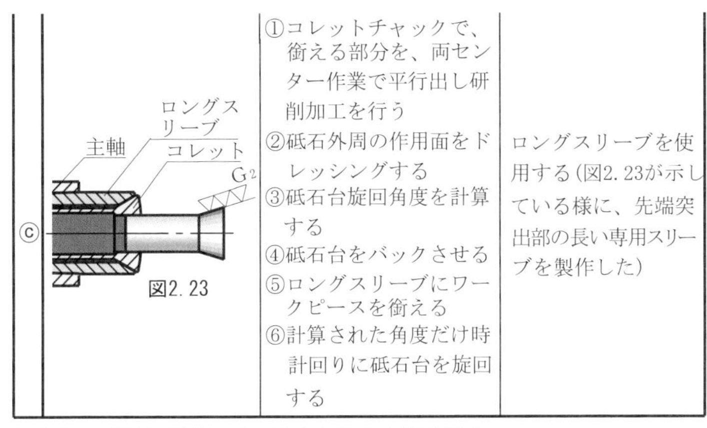

ⓒ	図2.23	①コレットチャックで、銜える部分を、両センター作業で平行出し研削加工を行う ②砥石外周の作用面をドレッシングする ③砥石台旋回角度を計算する ④砥石台をバックさせる ⑤ロングスリーブにワークピースを銜える ⑥計算された角度だけ時計回りに砥石台を旋回する	ロングスリーブを使用する(図2.23が示している様に、先端突出部の長い専用スリーブを製作した)

2.3.3 砥石を成形して、所定の角度を得る場合

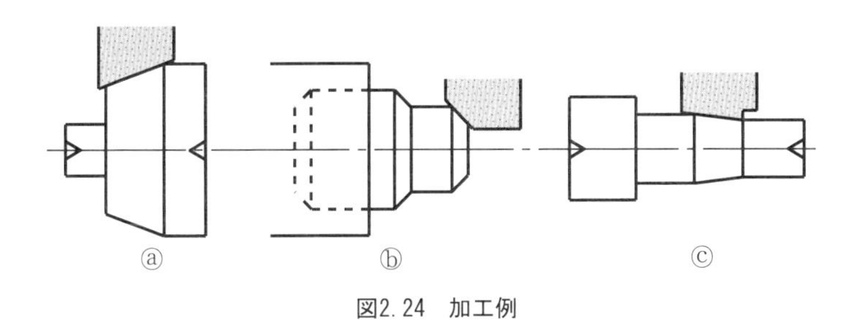

図2.24 加工例

表2.7

例	ワークピースの形状	作業手順と内容	備考
ⓐ	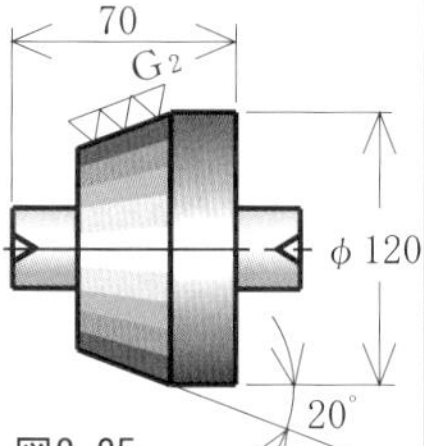 70 G2 φ120 20° 図2.25	①砥石成形の為の角度を計算する ②砥石を成形する (図2.26の様に成形器を用いる) 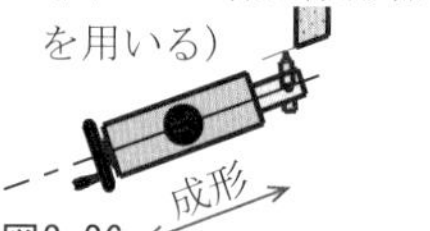 成形 図2.26	左右どちらの角度も成形することが出来る様に改造した 特定角度用の砥石を用意して、通常の使用砥石とは区別しておくこと
ⓑ	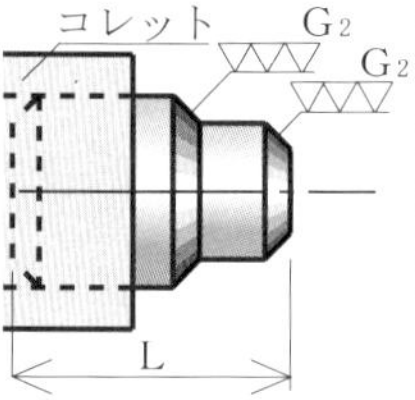 コレット G2 G2 L 図2.27	①砥石成形の為の角度を計算する ②砥石を成形する (砥石左斜面の角度) ③コレットにワークを銜える	
ⓒ	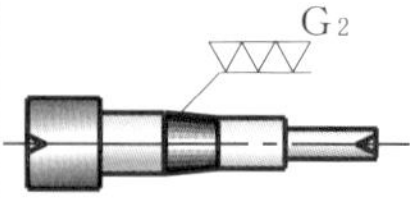 G2 図2.28	①砥石のニゲを成形する(下図2.29参照 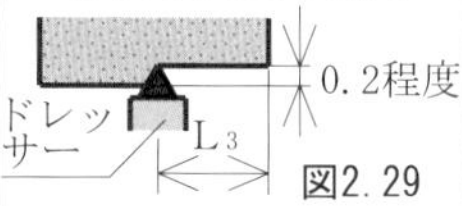) 0.2程度 ドレッサー L3 図2.29 ②砥石成形の為の角度を計算する ③砥石を旋回させて所定の角度に成形する (図2.30参照) 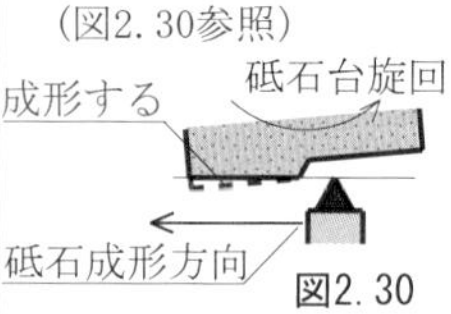 成形する 砥石台旋回 砥石成形方向 図2.30 ④砥石台を基の位置に戻す	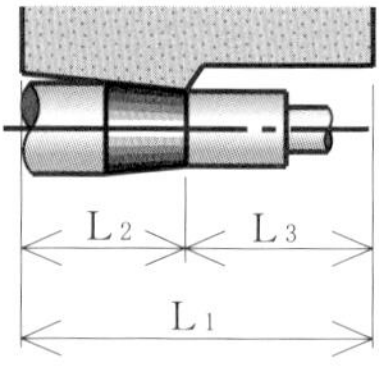 L2 L3 L1 図2.31 検出ピンの類

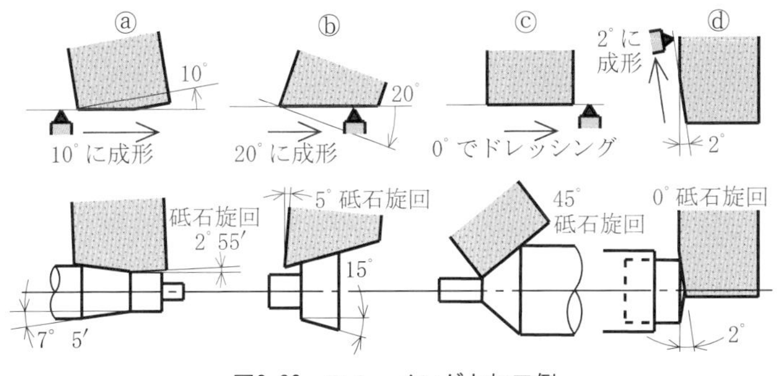

図2.32　ツルーイングと加工例

2.3.4　砥石を所定の角度に成形し、且つ、砥石台を旋回して角度を得る場合

表2.8

例	ワークピースの形状	作業手順と内容	備考
ⓐ	G2 7°5′ 図2.33	①砥石外周を図2.34の様に10°に成形する ②砥石台を2°55′反時計回りに旋回する	10° 10°に成形 砥石台を反時計回りに10°旋回しツルー・ドレッシングを行う 図2.34
ⓑ	コレット G2 図2.35　15°	①砥石外周をⓑないしは図2.36の様に20°に成形する ②砥石台を5°時計回りに旋回する	成形器 20° 成形器による成形の方法もある 図2.36

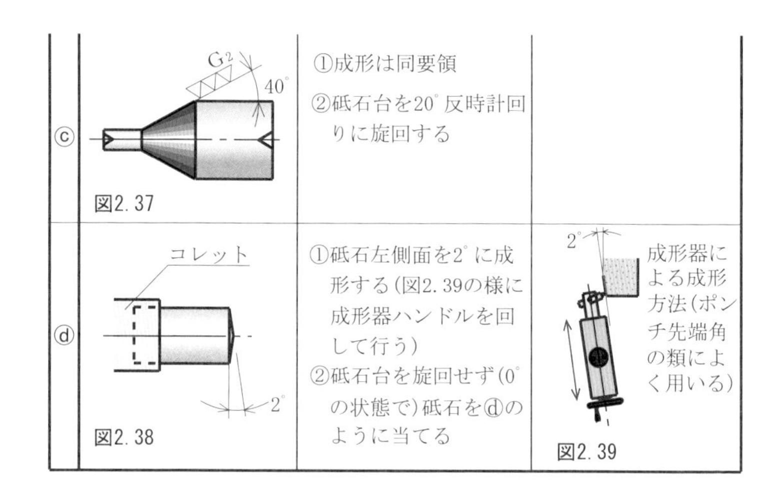

	図	要領	備考
ⓒ	図2. 37	①成形は同要領 ②砥石台を20°反時計回りに旋回する	
ⓓ	図2. 38	①砥石左側面を2°に成形する(図2. 39の様に成形器ハンドルを回して行う) ②砥石台を旋回せず(0°の状態で)砥石をⓓのように当てる	成形器による成形方法(ポンチ先端角の類によく用いる) 図2. 39

補足—作業性をよくする為、各角度（10°、20°、30°、90°）の砥石を専用にして、砥石を常に一定角度に成形することを標準化した。また、この角度を基準にして、砥石台を補正・旋回させることによって角度が得られるようにした。角度微調整は表 2.5 を使ってテーブル旋回量を求めた。

2.3.5 主軸台を旋回させて角度を得る場合

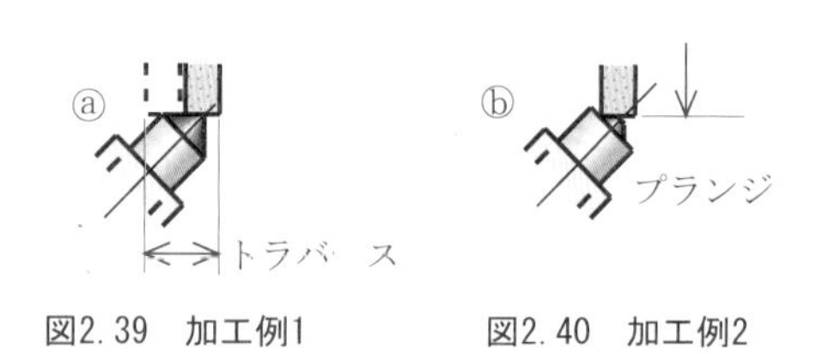

図2. 39　加工例1　　図2. 40　加工例2

表2.9

例	ワークピースの形状	作業手順と内容	備考
ⓐ	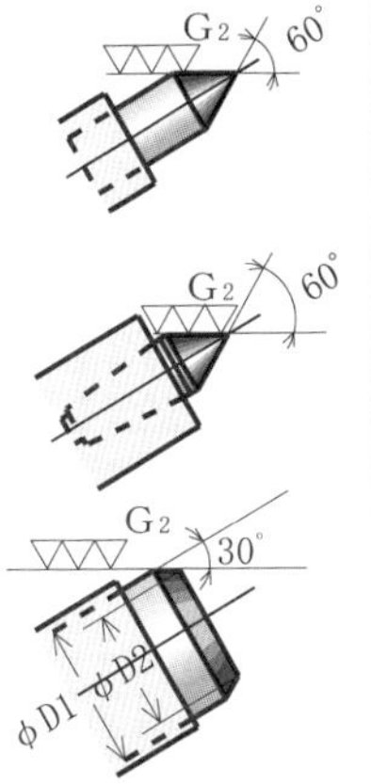 図2.41	①主軸台の旋回角度を計算する ②主軸台を30°反時計回りに旋回させる ③切込量を計算する その手順として、 1. 外径の実寸を測定する（a部）―角度θ計算後a実寸をだす 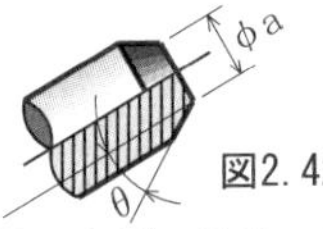 図2.42 2. ワークピースをコレットに銜え振れを測定する 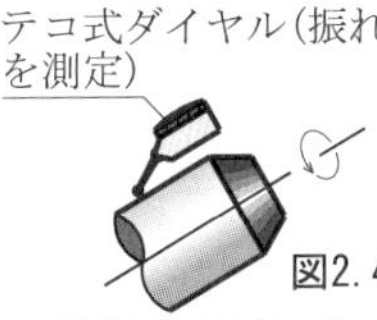 テコ式ダイヤル(振れbを測定) 図2.43 3. 計算式（図2.45）により切込量を求める ④砥石がワークピースに当たった処から、上記3の切込量を切り込む	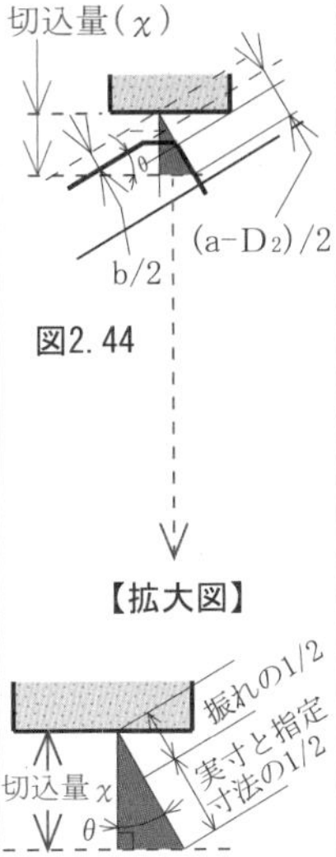 切込量(χ) 図2.44 【拡大図】 $\chi = \cos\theta\left\{\frac{(a-D_2+b)}{2}\right\}$ ただし、 D_2=仕上がり寸法 b=振れ値 a=研削前実寸 図2.45
ⓑ	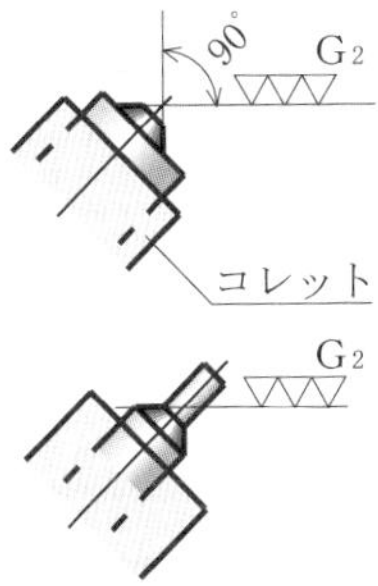 図2.46	上記ⓐ同様①~④を行う	プランジカットによる場合が多い

補足（加工対象のワーク）―ⓐデッドセンター、ライブセンタ、ポンチ等の類あり。

2.3.6 主軸台、テーブル双方を旋回させて、合成して角度を得る場合

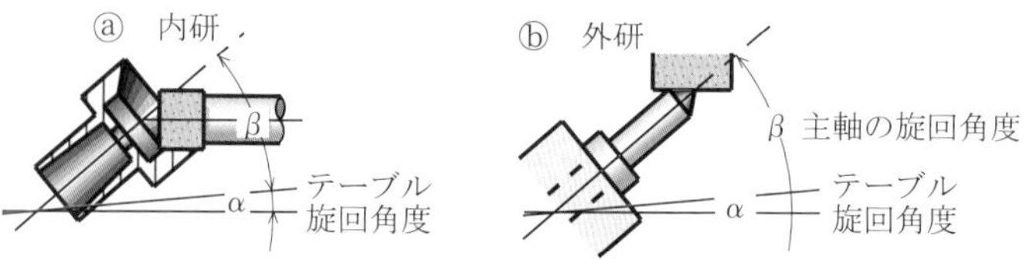

図2. 47 加工例

表2. 10

例	ワークピースの形状	作業手順と内容	備考
ⓐ	D2 40° 図2. 48	①主軸台のテーブル上の位置決め 主軸台 ワークピース テーブル 40 テーブル全長 図2. 49 ②主軸台とテーブル各々を次の様に旋回させ合成角度40°を得る X Y Z 主軸旋回 28°30′ 合成40° 11°30′ テーブル旋回 ③ロングクイル(特製)を取り付ける 図2. 50	ロングクイル製作のこと 広角度テーパーの類 ベルホルダーの類

ⓑ	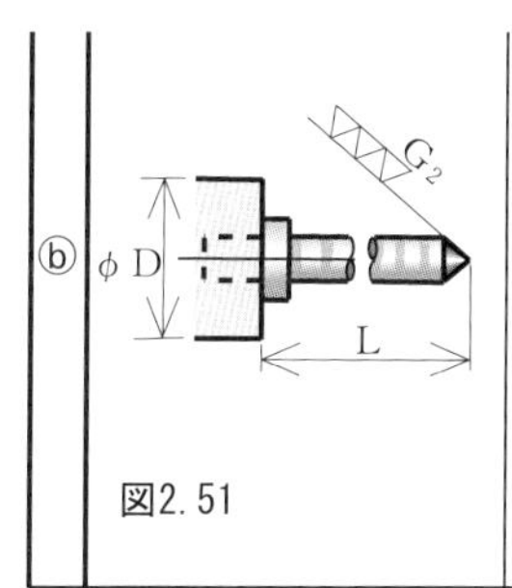 図2.51	①テーブルをα度旋回 ②主軸台をβ度旋回 ③主軸台の位置を決める(テーブルの左先端まで主軸台を移動) テーブルと主軸台を旋回し、角度の合成を行い、角度を設定する例	図2.51の様にLが長くφDが大きい場合(スクロールチャックに銜えると、チャック口元からワークピース先端までの長さは、極めて長いものになる) 特殊なポンチの例

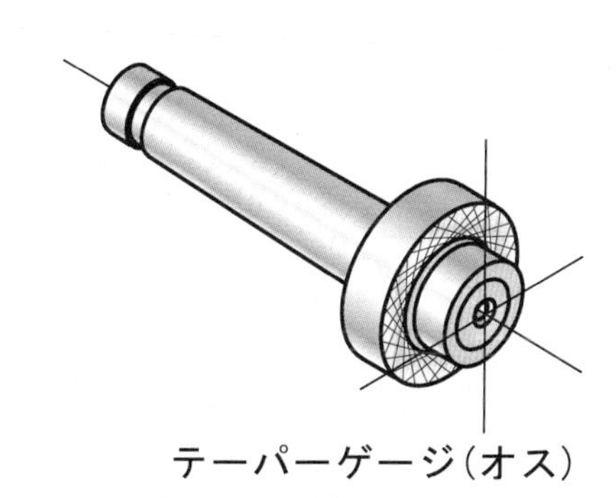

テーパーゲージ(オス)

円筒研削盤作業の測定に係る機器・工具・消耗品の例(2/13)

第３章　テーパー研削作業上のスキル

3.1　砥石外周作用面をテーパー面に当てる

テーパー加工の為の角度設定段取りが完了し、研削加工を始めると、図 3.1 が示しているとおり、砥石作用面とワークテーパー面が平行に当たってくれないという問題が発生する。研削代は少量であり、また、有限であることから､出来得ることであれば作業を容易に進めていくため、図 3.2 が示す様に、始めに砥石作用面をテーパー面に平行に当てたいところである。ここにテーブル微小旋回調整によるテーブル設定角度の修正が必要になる。

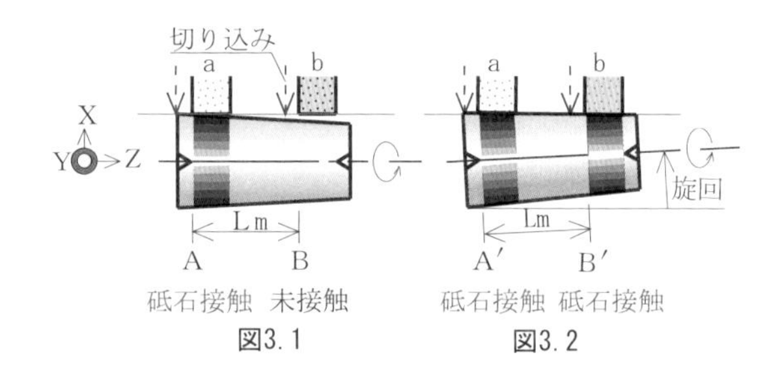

図3.1　図3.2

まず､図 3.1 の A 部に砥石 a を当て､そのときの X 軸ハンドル目盛(図 3.3) を 380 と読む。次いで、テーブルを Z 軸方向に移し、B 部に砥石を当て、目盛を 376 と読む。図 3.1Lm における X 軸ハンドホイルの目盛の読み値の差（380-376=4）は、ϕ 40㎛である。すなわち、Lm 間につき、ϕ 360㎛のテーブル角度補正が必要になる。

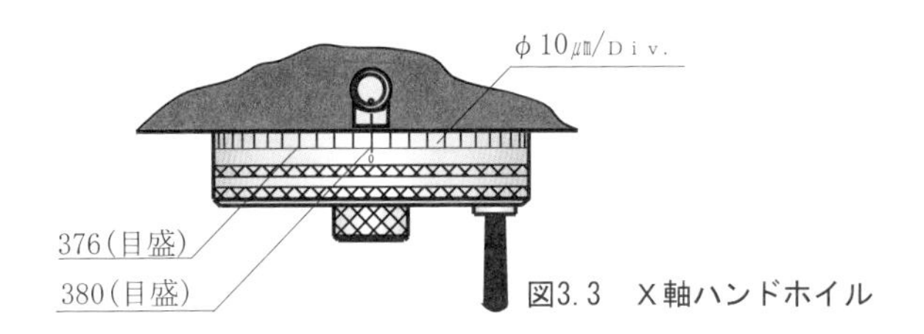

図3.3　X軸ハンドホイル

Lm=30（mm）のとき、φ485μmのテーブル旋回角度を補正する必要があるが、その際テーパー修正表（表3.1）の形式を用いて、テーブル旋回量（テーパー修正量）を設定することになるが、「第1部別表1、2」及び「付録3」の類を使うと便利である。例えば、Lmが30mmとすれば、テーブル旋回量は、表3.1のLm30とΔd（μm）40の交点を見て485μmとし、Lm40とΔd（μm）40の交点を見て364μmをテーブル補正旋回量とすればよい。

表3.1　テーパー修正早見表（※Studer-S30の場合）

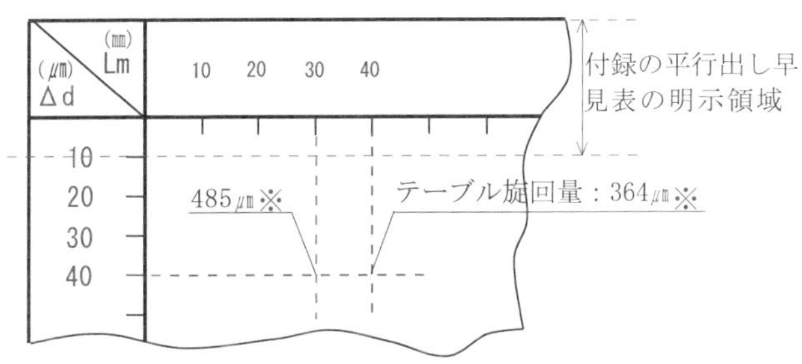

※旋回量の詳細は「第1部別表1、2」並びに「付録3」

したがって、テーブルを反時計回りに364μm（図3.4）旋回し、テーブルを固定する作業を行えば、一様に当たる（図3.2の様に）ことになる。ちなみに、テーブル修正後の当たりをみるときには、危険防止の為、砥石台を予めバック（後退）させておくことが必要である。砥石台バックの目安の量としては、X 軸ハンドホイル目盛りで 364㎛＋ α をバックさせるとよい。ただし、α は ϕ 30㎛とする。ちなみに、364㎛は、テーブル旋回に係る安全対応、ϕ 30㎛は通常作業時の安全対応として見込むことにしている（ヒューマンエラーを見込んだ安全作業対策の一つにしている）。

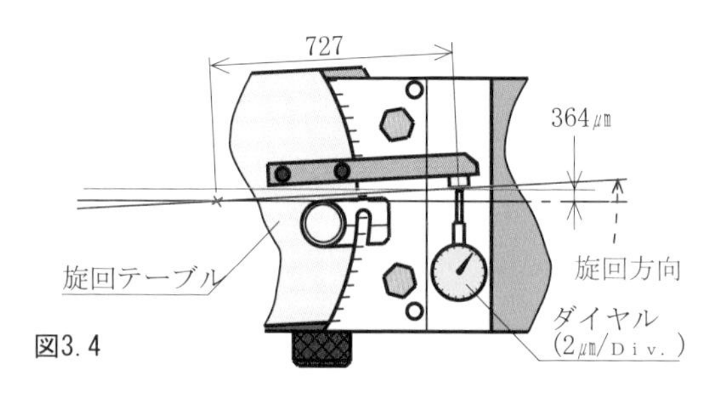

図3. 4

操作としては、内面研削の場合（図 3.5、図 3.6）も同じ要領である。ただ、忘れてならない事は、テーブル角度補正時の旋回方向に誤りがないことと、補正後は必ず砥石台をバックさせる（砥石台を急速前進させたときに生ずる不用意な切り込みによるワークピースの損傷を防止するため）ということである。

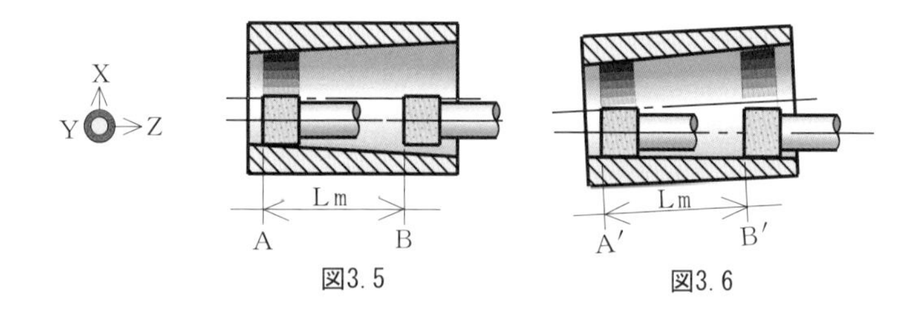

図3. 5　図3. 6

3.2 テーパー面の真直精度を出すための有効な条件

研削加工されたテーパー加工面は、断面で考察すると、図 3.7、図 3.8 のような形状に仕上がるものと考えられる。内外研いずれの場合でも、それぞれが c の形状になる事が望ましい。すなわち、テーパー研削加工面は高い真直精度に仕上げられることが理想とされる訳である。

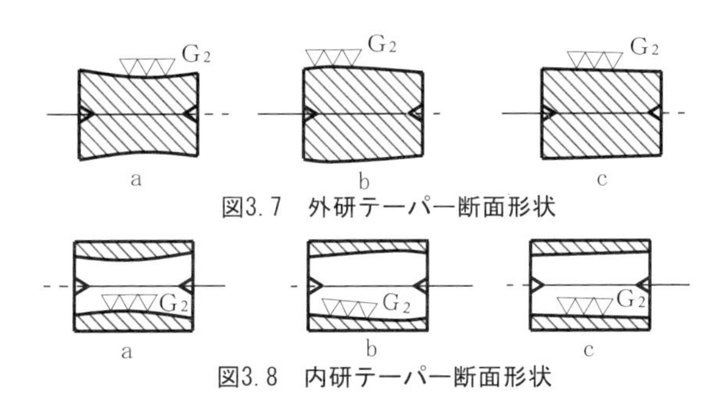

図3.7　外研テーパー断面形状

図3.8　内研テーパー断面形状

それ故に、仕上げられたテーパー加工面の真直度は、何らかの方法で確かめられなければならない。確かめる方法としては、狭角度物、広角度物を問わず、幾つかのやり方をもって確かめてきた。テーパー面にストレートエッジを当てることも一つの方法である。研削作業の過程の中にあるワークについては、通常、次のやり方で行ってきた。

狭角度物については図 3.9 が示す直径実寸の測定により円筒度を求める方法や、テコ式ダイヤルを用いて行う方法、図 3.10 のようにゲージ合わせにより現合で行っている。また、広角度物については、コロを使った測定法（図 1.17 参照）により行っている。その他の方法もある。

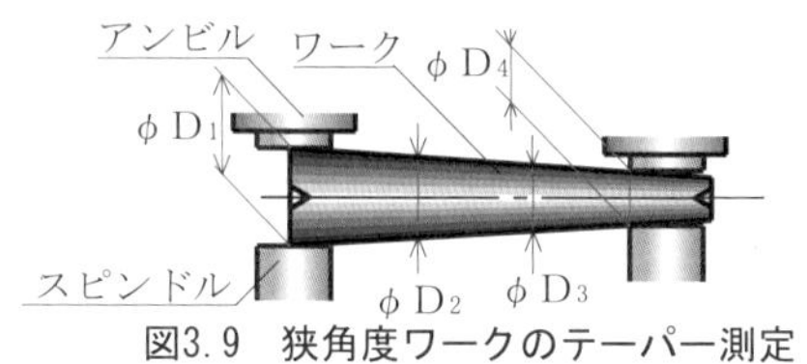

図3.9　狭角度ワークのテーパー測定

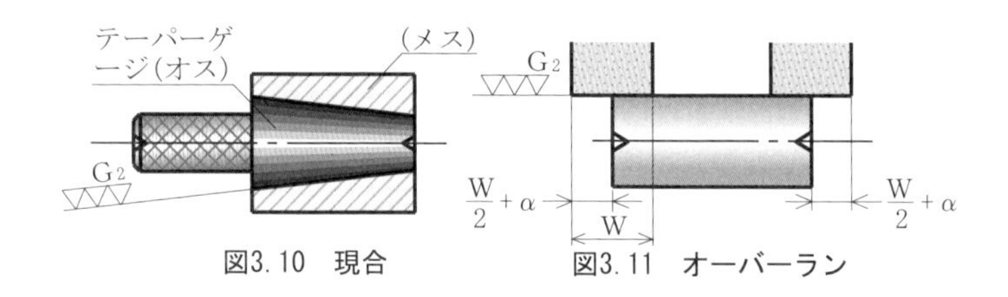

図3.10　現合

図3.11　オーバーラン

真直度の高い削り方を行う為には、幾つかの研削加工条件を設定し理屈に合わせることが望ましい。条件項目には次の様なものがある。

1）砥石幅を狭く成形する（トラバースする場合）。
2）研削送りスピードを遅くする（仕上げ研削の場合）。
3）砥石のオーバーラン（図3.11）を砥石幅の1/2+ αとする。
4）テーパー加工に支障のない限り両側切込みにする。
5）テーパー加工上特殊な制約（図3.12や図3.13等の場合、砥石の進む方向に障害が出る）がある場合は、ドレッシングを幾度も行って、砥石作用面の真直度を転写するという考え方がベターである。
6）その他の方法

これらの項目は、実践の経緯を経て体得したもので、内外研に共通して有効な研削加工条件として用いている。

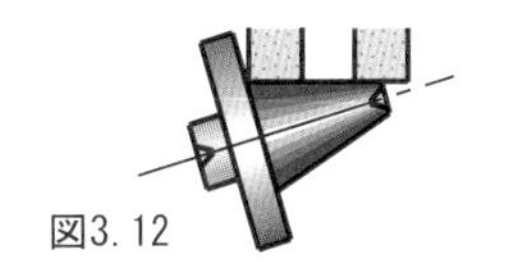
図3. 12

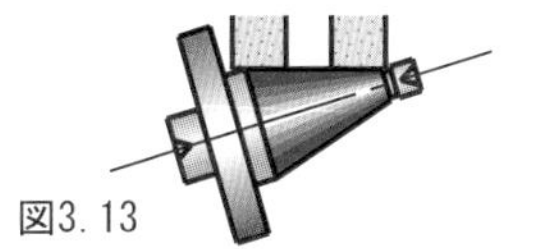
図3. 13

3.3　断続研削を強いられるテーパー研削加工の振れ精度の作り込み

テーパー研削加工でも時として、断続研削加工（切り欠きや溝を有する円筒の研削加工）を強いられる場合がある。図3.14のハーフセンターの研削加工や図3.15が示すフライス用アーバーがその例である。前者の場合はワーク回転方向に断続研削となり、回転方向に応力分布の変化が予想されるため、真円度不良や振れが発生すると考えている。

一方、後者の場合は、砥石送り方向に断続研削となり、砥石送り方向に研削応力の分布が予想されるため、テーパー面の真直精度に影響すると考えている。

しかし、これらの問題を何らかの技法をもって乗り越えていかなければ、より高度の精密加工には至らない。工夫を凝らし、研削加工の仕方にバリエーションを加えていかなければならない。

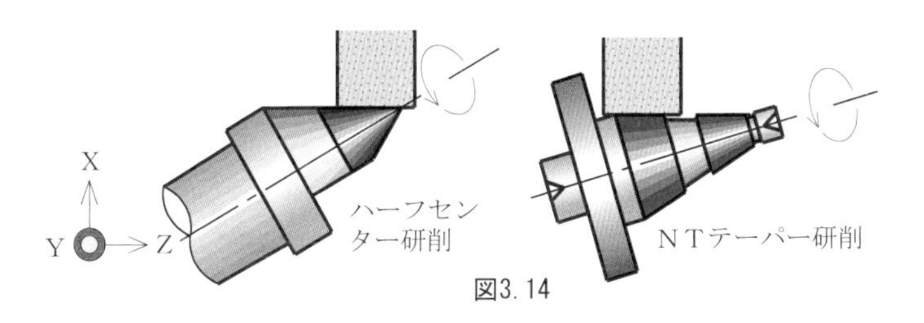

図3. 14

図3.14についてもう少し考え方を深めれば、研削の仕方によっては、得られる振れ精度も変わってくる。

次に示す表 3.2、表 3.3 は、理解を深めるため、研削加工条件・表 3.4 で、支持センター 60°部の研削加工（1988.10.6）を行った結果を比較して示したデータである。図 3.16 は、断続研削の状態で仕上げたもの、図 3.17 は断続研削部にニゲを作る加工を施し、連続研削加工（切り欠き部のない普通の円筒の加工）が行えるようにして加工を行ったものである。手を加え行った結果は歴然とした良い数値で報いられた。

表3.2 断続研削の場合の振れ精度

L (mm)	振れ測定値 1回目	振れ測定値 2回目（180° 入替）	振れ測定（段取り）図
1	—	—	図3.16
1.5	2.0μm	1.5μm	
2	0.4	0.4	
3	0.3	0.5	
5	0.7	0.7	

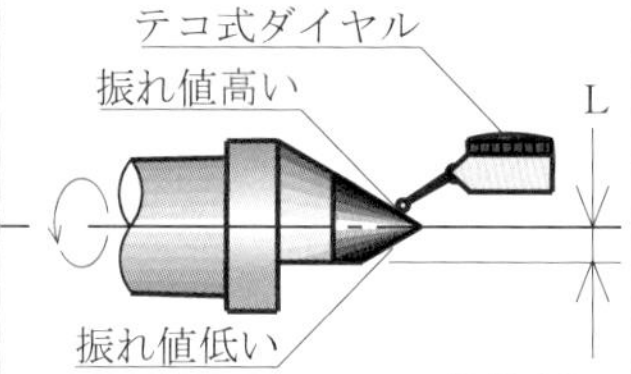

（1988.10.6）

表3.3 連続研削の場合の振れ精度

L (mm)	振れ測定値 1回目	振れ測定値 2回目（180° 入替）	振れ測定（段取り）図
1	2.0μm	2.0μm	図3.17
1.5	0.1	0.2	
2	0.2	0.2	
3	0.2	0.1	
5	0.1	0.2	

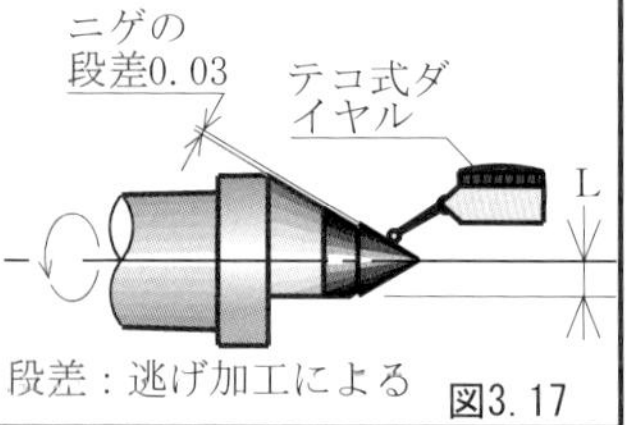

（1988.10.6）

表3.4　研削加工条件

条件項目	研削加工条件
ワーク形状	(図3.14参照)
砥石（注）	11c120H8V（ＧＣ砥石相当品）
ワーク回転数	130rpm
研削送りスピード	85㎜/min
機械	Studer -S30

(1988.10.6)

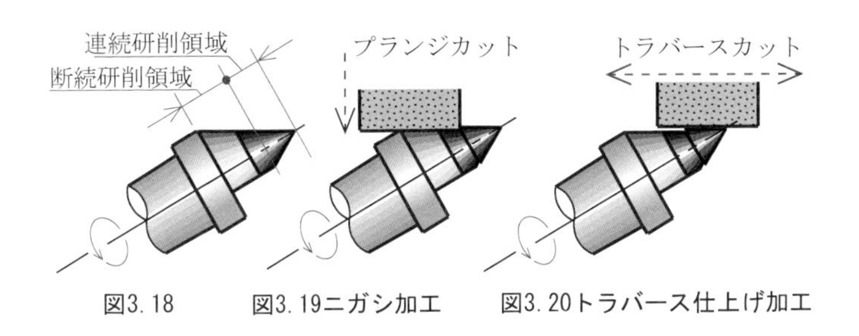

図3.18　　図3.19ニガシ加工　　図3.20トラバース仕上げ加工

図3.18のワークピースは研削加工上（プランジカット、トラバースカット共に)、連続・断続の両研削加工を繰り返し交錯する形状になっている。砥石幅と研削加工部分を考えると、研削一ストロークの間に連続・断続の両研削加工が同時に繰り返し進行していくことになる。ワークの形状が砥石の回転・テーブルの動きに干渉すると理屈上高精度加工に大きな影響を与えてしまう。ここでは高精度出し研削加工の前に、図3.19の様に断続領域部分に予めニガシ加工を施しておき、研削作用への干渉を排除する一工程を入れた（連続加工ができるようにした）ところ、図3.20が示している様に連続研削加工ができ表3.3が示しているとおりに改善された。

断続研削の形状にあるもの､振れ精度の高いオーダー品等については､交互に繰り返す断続研削作用が除去された確認の後に加工に入る周到さが求められる。

当時、材質（超硬、セラミックス等）高精度加工仕様のオーダーを受ける環境下にあったが、ダイヤモンドホイルで対応出来る技術体制下には至っていなかった。

そのため、表3.2及び3.3のデータは、普通砥石11cの研削加工条件のものとなっている。

この背景の中で、現に使用している超硬の支持センターの補修や製作の為、ダイヤモンドホイルによる研削加工が俄に必要になってきた。

1991.9~ 1995.1にDC（ダイヤモンド）ホイル、CBNホイルに係るツルーイング技術の開発と応用を進める機会に恵まれた。その成果を、普通砥石11cで手を煩わしていた超硬支持センターの研削加工に用い、容易に且つ、確立した加工手順を踏まえ、さらなる高精度の先端角60°の研削加工が出来る様になった。

ここに刃物の善し悪しが加工精度出しに必要な項目である事が一つ追加される事になった。

3.4 テーパー仕様（角度と関連許容値）概観

テーパー加工は、角度を得るだけという単純なものではない。直径、長手方向寸法、その他テーパー部との関連の中で、寸法とその許容値が示されているのが普通である。

図3.22は、角度の獲得は基より、テーパー部からの首下寸法と許容値が指示されたものである。

一方、図3.23は、テーパーの研削仕上がり状態を現合の工法により、オス・メス角度合わせによる、組み合わせ精度（許容寸法）が指示されたものである。

このような仕様を満足させるように行うということは、研削加工、角度測定、寸法測定を繰り返しまた、幾度かの研削加工条件の補正を行いつつ、仕上げられていくということである。したがって、これらの関連要求仕様を満たしていくためには、しっかりした研削段取りや、研削加工方法、測定技術や計算等一連のスキルが求められているのである。

【参考】

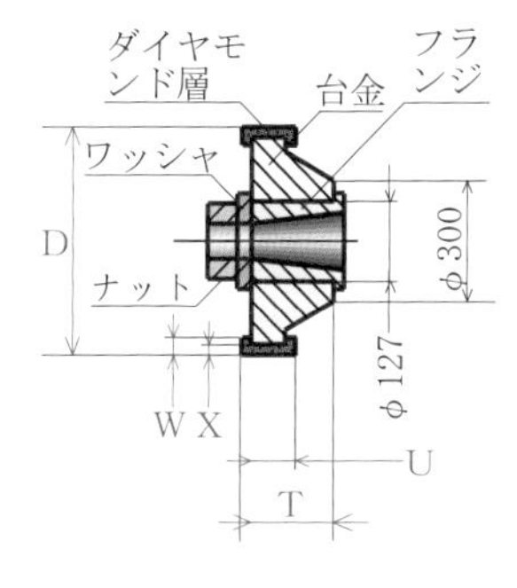

ホイル断面略図

表3.5　使用ダイヤモンドホイルの例

型式		3A1	3U1	3A1	3A1
粒度		SDC200	SDC600	SDC2,000	SD1,000
ボンド		BW11	BW11	WB10	BW10
結合度		N	N	L	L
集中度		75	75	75	75
寸法	D	400	400	400	405
	W		5		
	T	40	40	40	40
	X	3	3	3	3
	U	20	20	20	9
購入		89.3.17	89.3.17	89.317	92.12.10
メーカー		T 社	左同	左同	左同

購入時のホイル仕様

3.5　角度と関連の許容値を満たす（求められる）技能

3.4のところで、テーパー加工では、角度を得るだけという単純なものではないことを述べてきた。直径、長手方向寸法、その他、テーパー部との関連寸法の許容値が示されている。図示すれば以下のとおりである。

図3.21は、角度とテーパー長、直径寸法が指定された場合である。

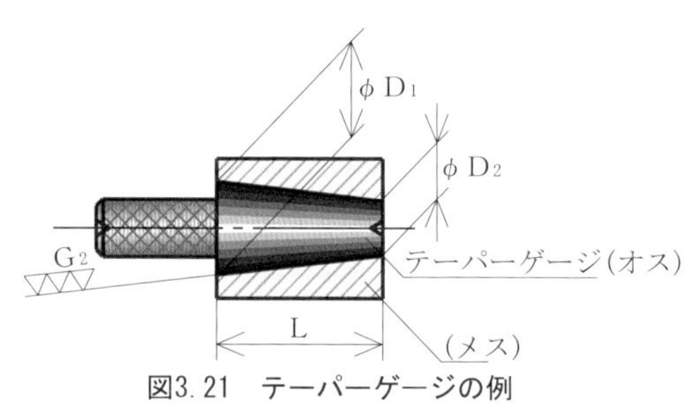

図3.21　テーパーゲージの例

また、図3.22は、角度の獲得は基より、角度を挟むストレート部、各々の直径、テーパー部からの首下寸法許容値が指示されたものである。

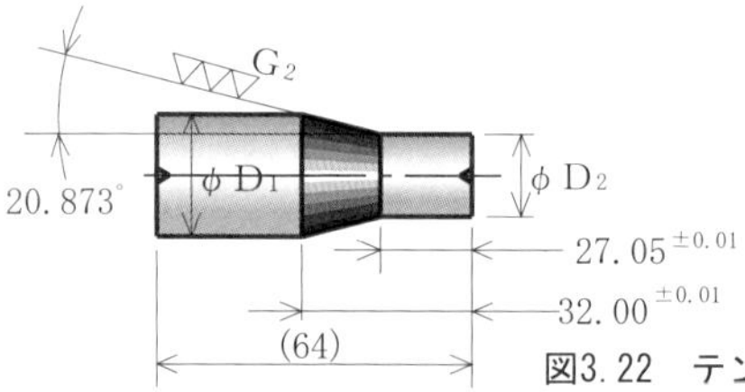

図3.22　テンプレートの例

次いで図3.23は、テーパー研削仕上がり目標を、オス・メス現合による角度合わせの要領と組み合わせ精度（許容値）を示したものである。

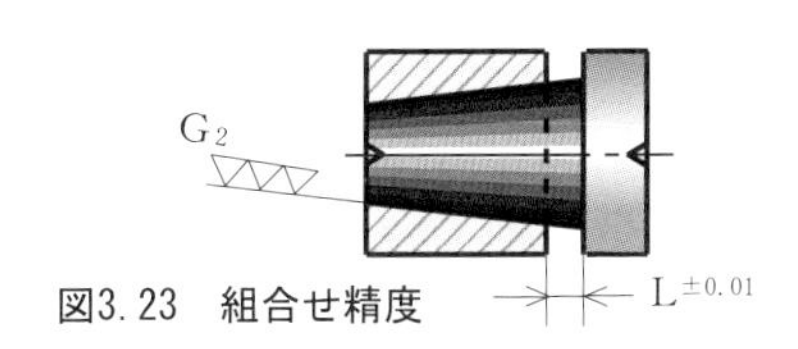

図3.23　組合せ精度

このような仕様を満足させていくということは、研削加工、角度測定、そして寸法測定等の作業を繰り返し、更に、幾度かの研削加工条件の補正・修正を行いつつ、仕上げて行かなければならないということである。

このように、角度加工は、関連要求仕様を満たす確実な技術・技能に裏付けられた研削加工段取り、研削方法、測定段取り及びこれに係る計算等、一連のスキルが要求されているのでる。

3.6　微小角度修正を余儀なくされた研削加工に係る成形器の角度補正

図 3.24 のテーパー部分と ϕ D_1 ストレート部の境にアンダーカット（ニゲ溝）を作ることなく研削加工をしたいときは、砥石成形により角度補正（旋回テーブルを回さず）するのがベターである。例えば、図 3.25 に示す様に研削加工を行ったが、狙いとする角度が得られなかった場合、図 3.26 のように砥石を成形して研削加工を行うことになる。成形器の角度補正は表 3.5 の様に行われる。

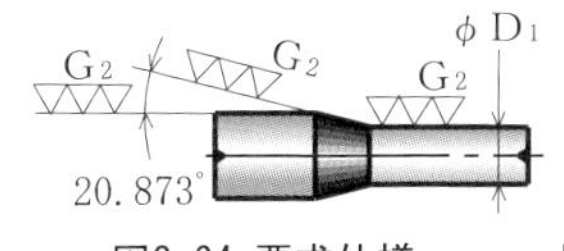

図3.24 要求仕様

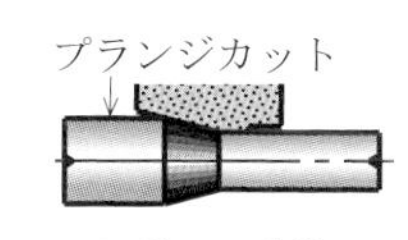

図3.25 試し研削加工

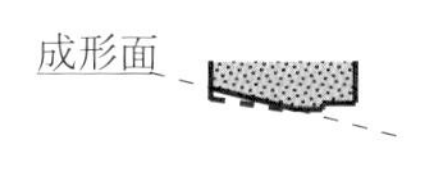

図3.26 砥石角度補正

（注）成形器の角度補正量（ダイヤル目盛）は、「図3.28斜辺に対応する図3.27のアタッチメント旋回中心～ダイヤル取り付け位置までの長さ」が何倍に相当するかということである。また、成形器中央からの80.25の長さは、スケールを用い目感でマークし、技能的に対応する。

表3.5

順	工程	作業　内容	備考
1	成形器セッティング	①図3.27の様に20.873°（目感による）を先ずセットする 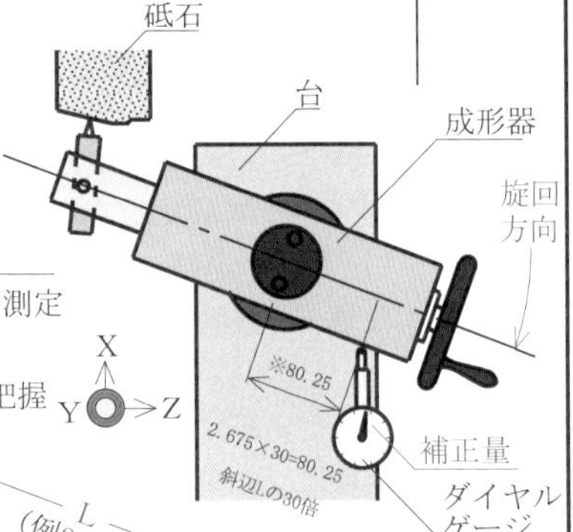	
2	テーパー部研削加工	①プランジカット（図3.25参照）	
3	角度測定	①ワークピース角度測定（第1章1.4） ②テーパー補正ΔL把握（図3.28） 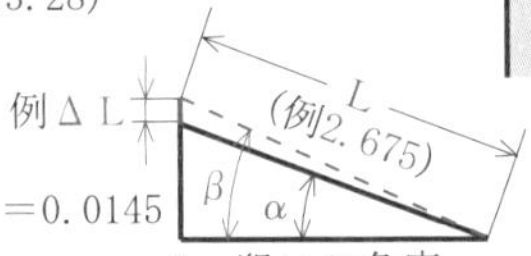 例ΔL L（例2.675） 例ΔL＝0.0145 β　α β＝狙いの角度 α＝試し研削加工の角度 図3.28 ③補正基準長Lを求める 砥石 台 成形器 旋回方向 X　Y　Z ※80.25 2.675×30=80.25 斜辺Lの30倍 補正量 ダイヤルゲージ 図3.27 成形器セッティング図	※80.25はスケール及び目感による
4	補正角度アタッチメント	①図3.27の様に補正基準長Lのχ倍（30倍）の位置にダイヤルをセットする（注） ②ΔLのχ倍は（0.0145×30＝0.435）に相当する量を（ダイヤル目盛による）微小旋回により補正する	
5	成形	①図3.26の様に成形する	

第４章　テーパーとその関連部を測る

4.1　広角度ものの径の算出と研削切込み量の計算

第１章1.4では［表1.3 順９②］で角度を出す計算と補正研削のことについて触れてきた。ここでは図4.1 順９②の様な先端部のϕD_2を求めることと、幾ら切り込めばϕD_1になるのか、計算に立ち入ってみたい。

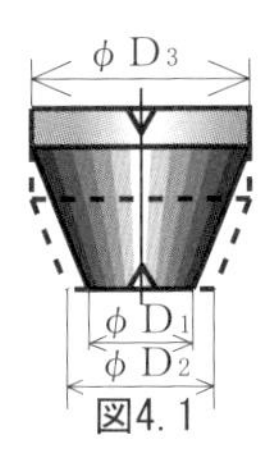

図4. 1

表4. 1　ϕD_2を求める

順	工　程	作業　内容	備　考
1	測定準備	①定盤②コロ③マイクロメータ	αを求める計算は（表4.1順4）参照のこと。 図4. 2 測定段取り
2	測定段取り	図4. 2のように、ワークとコロをセットする	
3	測定	マイクロメータでM_1を測る	
4	計算	$D_2=M-2(L_1+r)$ 但し、αは求められているとする $=M_1-2(\frac{r}{\tan\beta}+r)$ $=M_1-2(\frac{r}{\tan(\frac{90^\circ-\alpha}{2})}+r)$	

表4. 2　ϕD_1を研削してϕD_2にする時の切込み量（プランジ切込みの場合）

順	工　程	内　容	備　考
1	計算	$C=\cos\alpha\cdot L_2$ $=\cos\alpha\cdot\frac{D_2-D_1}{2}$ ただし、αは既に求められているものとする。また、ϕD_2は表4. 1順4で求めてある。	図4. 3 切込み量

4.2　テーパー首下径の測定段取りと計算

表4.3

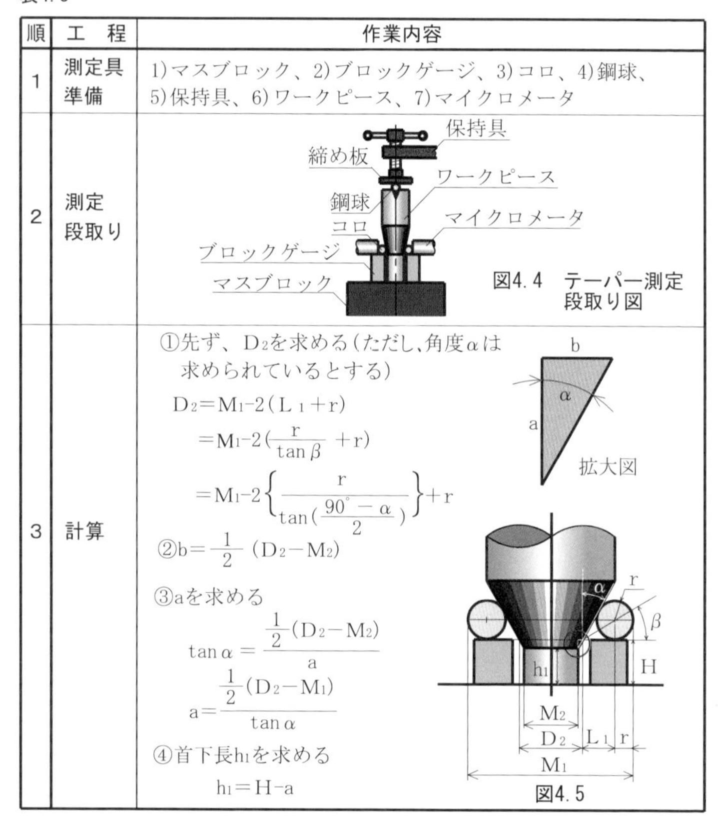

順	工　程	作業内容
1	測定具準備	1)マスブロック、2)ブロックゲージ、3)コロ、4)鋼球、5)保持具、6)ワークピース、7)マイクロメータ
2	測定段取り	図4.4　テーパー測定段取り図
3	計算	①先ず、D_2を求める(ただし、角度αは求められているとする) $D_2=M_1-2(L_1+r)$ $=M_1-2(\frac{r}{\tan\beta}+r)$ $=M_1-2\left\{\frac{r}{\tan(\frac{90^\circ-\alpha}{2})}\right\}+r$ ②$b=\frac{1}{2}(D_2-M_2)$ ③aを求める $\tan\alpha=\frac{\frac{1}{2}(D_2-M_2)}{a}$ $a=\frac{\frac{1}{2}(D_2-M_1)}{\tan\alpha}$ ④首下長h_1を求める $h_1=H-a$ 図4.5

表4.4　側面研削加工によりϕD_1をϕD_2に加工する場合

順	工　程	作業内容
1	計算	$\tan\theta = \frac{a}{b} = \frac{\frac{1}{2}(D_2 - D_1)}{b}$ $b = \frac{\frac{1}{2}(D_2 - D_1)}{\tan\theta}$ ただし、θは既に計算済みとする。 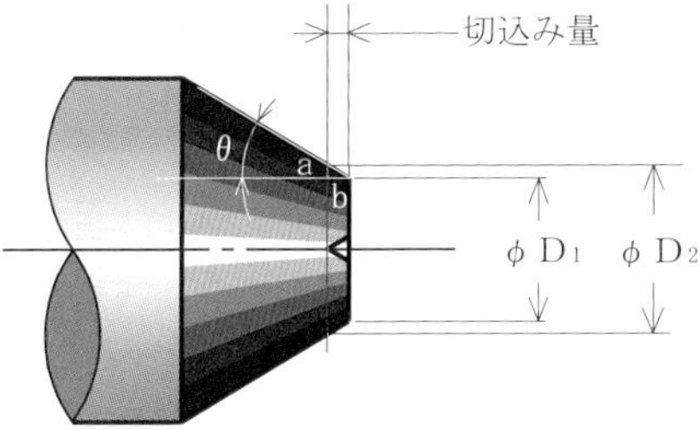 図4.6

4.3 センター穴テーパー部の角度測定

両センター作業では、ワークピースのセンター穴 60°の良否は、仕上がりの出来具合に大きく影響する。しかし、センター穴の角度を測ることは、あまりしない。角度が出ていると信じ込んでいる処に所以するものであろう。センター穴のテーパー測定は､精密内筒を測定する場合の、基本的で基礎的な作業である。測定の手順は、表 4.5 のとおりである。

表4.5

順	工　程	作業内容	備　考
1	準備	①径の異なった鋼球（r_1、r_2）を用意する ②マイクロメーターを用意する	球r_2 球r_1 センター穴 ワークピース M_1 M_2
2	段取り No.1	①センター穴に鋼球r_1を入れる	
3	測定 No.1	①図4.7が示す段取りでM_1をマイクロメーターで測る	図4.7 センター穴テーパー測定段取り
4	段取り No.1	①センター穴に鋼球r_2を入れる	
5	測定 No.2	①図4.7が示す段取りでM_2をマイクロメーターで測る	
6	計算	角度の計算 ① $a=(M_2-r_2)-(M_1-r_1)$ ② $b=r_2-r_1$ $\sin\alpha=\dfrac{r_2-r_1}{(M_2-r_2)-(M_1-r_1)}$ よりαを求める ③求める角度$=2\alpha$	r_2 r_1 a b c α 2α M_1 M_2 図4.8

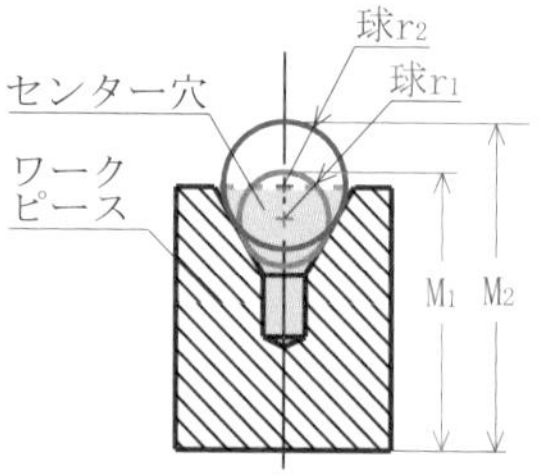

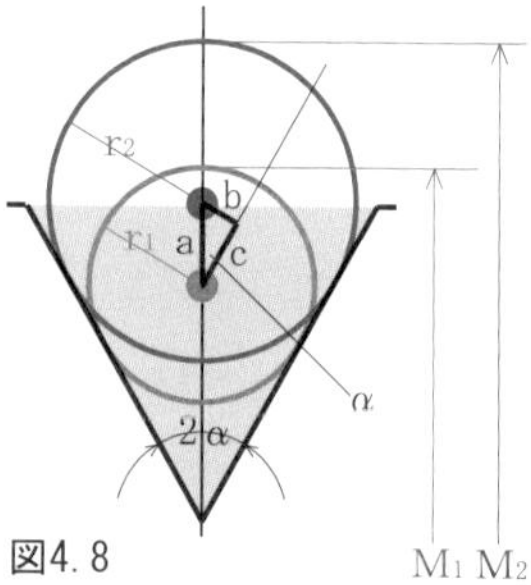

4.4 テーパーゲージ合わせ（現合）によるできばえの角度確認

角度測定によらないで、できばえの角度を確認する方法がある。ゲージ合わせいわゆる現合による確認方法である。

オスのテーパーゲージ面（外筒）に光明丹を塗布（図 4.9）し、清浄したメステーパーゲージ内筒面（図 4.10）にゲージを挿入し、アタリの度合いをみるという訳である。アタリの度合いは、％で判断することが多い。図 4.11 の例では $(L_2/L_1) \times 100$ と考えればよい。テーパーゲージ合わせは、次の様に進める。

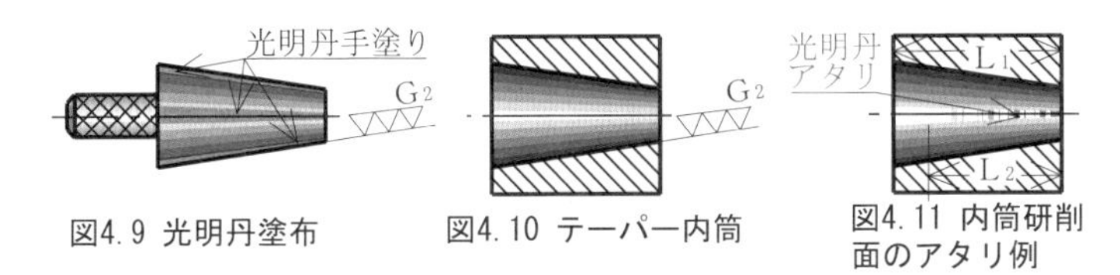

図4.9 光明丹塗布　　図4.10 テーパー内筒　　図4.11 内筒研削面のアタリ例

表4.6

順	工　程	作業内容	備　考
1	光明丹塗布	①塗る部分の目安を決める ②光明丹を塗る（3か所に）	円周方向に目視3等分（約120°） 厚さ2μm程度
2	ゲージ挿入	①内筒に外筒（オスの）ゲージを入れる ②オスのゲージを回す	回さず挿入する 一寸回す（1/10回転程度）
3	アタリを読む	①ゲージを抜く ②光明丹の転写具合を観る	
4	評価	①アタリ80%以上を確認 ②一様なアタリ模様になっているかを目視する	アタリの状態のバラツキ（3本の内1本は長かったり、1本は短かったりしてはいないか）

一般的には、アタリ80%程度であれば良しとされているが、アタリ%が小さくまた、アタリ長さにバラツキ（光明丹の転写状態が悪い）があるときは、組み合わせて使用する際、心振れが発生する恐れがある。これについては、追って4.6で詳述する。

4.5 光明丹のアタリ模様と振れ精度の関係

テーパーゲージの現合の際に現れる光明丹のアタリ模様は様々である。図4.12のような全面アタリ模様（転写模様）が理想である。

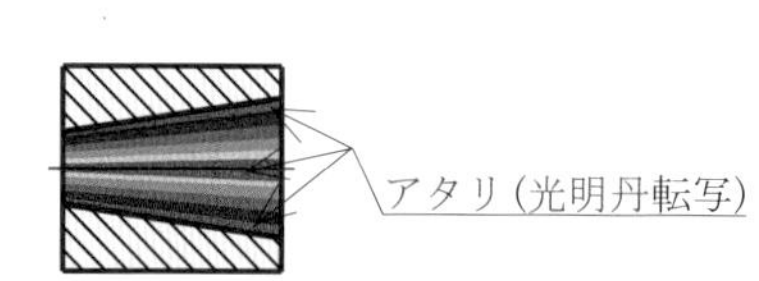

図4.12 内筒面の理想的なアタリ

しかし、実際の加工過程の中では理想から外れ、様々なアタリ模様が出現する。表4.7は、全面アタリが得られていない模様の形態を示している。分類の仕方にもよるが、概ね均等アタリと不均等アタリ（捻れている様なアタリ）の形態に大別出来るが、形態は更に複雑で、表が示しているように、アタリ模様の現れる位置は様々である。

アタリ模様は大径部寄りのもの、小径部寄りのもの、その中間である中央部に位置するものがある。内筒長手方向のどこの領域に強いアタリがあるかによって、転写模様（アタリの模様）が変わってくるのである。光明丹のアタリ模様とワークピースの加工精度及び組み合わせ精度の間にはどのような関係があるのだろうか。ここでは、1979（S54）.12.3に研削加工と測定を行った研削加工品（ベルホルダー）について解析を行っているので、その例を挙げてみたい。

表4.7

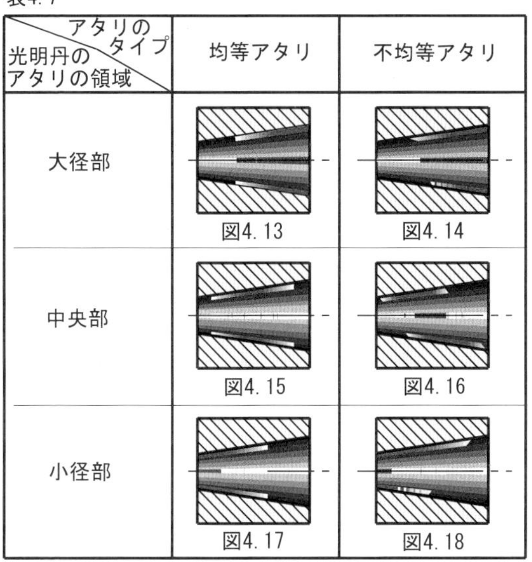

光明丹のアタリの領域 ＼ アタリのタイプ	均等アタリ	不均等アタリ
大径部	図4.13	図4.14
中央部	図4.15	図4.16
小径部	図4.17	図4.18

全面に光明丹を塗布した外筒テーパーゲージ（オス）を挿入し、奥に詰め押した状態で、テーパーゲージを手回しで回転し、摺り合わせによって出来る模様を調査した。結果として、テーパー仕上がり品質の悪い加工品が幾件か発生していた。図4.19が示す光明丹のアタリの模様は、その中の例である。

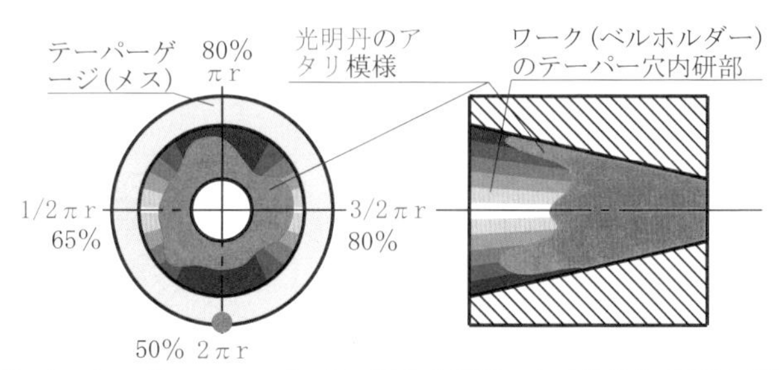

図4.19 ベルホルダーのテーパー穴に係る光明丹アタリ模様(正面視と断面視)

万能研削盤（通常、円筒研削盤と称している）主軸に取りつけセットされている円筒研削治具の基点に対し、ワークピース（図 4.20）の基点を 1/4 回転ずつずらしてワークピースを取り付け直し、各々の振れ値を測定してみた。このデータ（図 4.19 光明丹アタリ模様例）をもとに解析を進めた結果、アタリ面と振れ値との関係は、ワーク取り付け時、アタリ％の大きい側にワークが偏移（図 4.21）してしまい、表 4.8 が示す振れとなって現れることが判った。

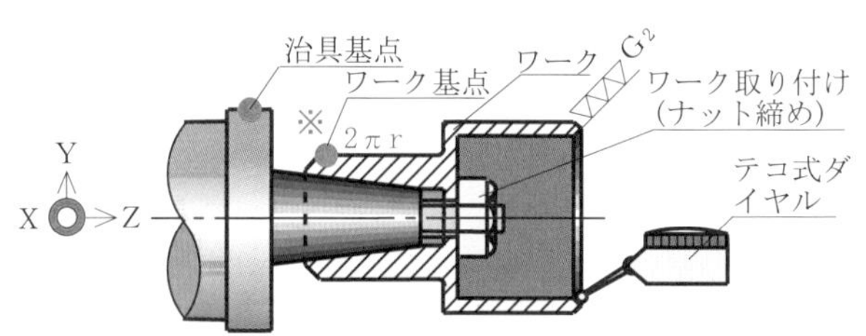

※ワーク基点を治具基点に対し、2πr、1/2πr、πr、3/2πrにずらして取り付け、振れを測定する

図4.20　振れ測定段取り図

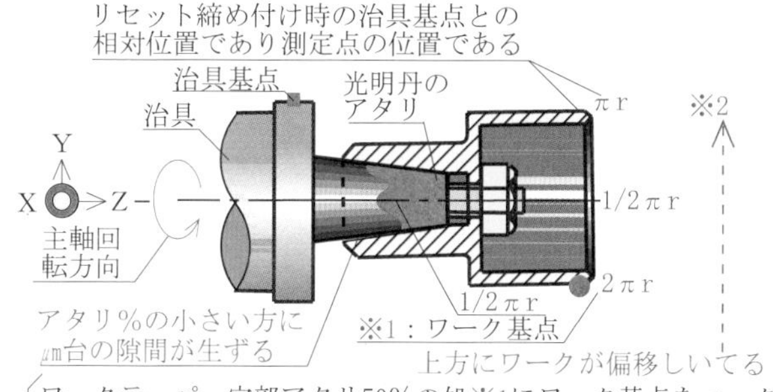

図4.21 ネジ締結リセットで変わるワークの位置偏移(振れの要因)

表4.8 アタリ%(アタリ模様)と振れ精度の関係

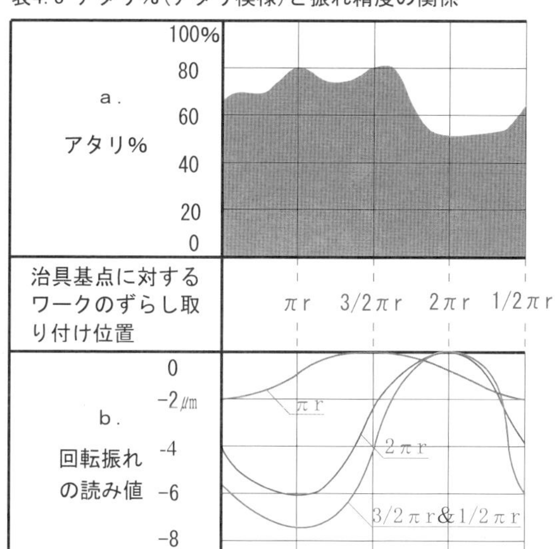

主軸を回転させ、回転振れ値の高い部分にテコ式ダイヤルのゼロ点を合わせると、回転振れの読み値は -6μm、-7μm、-2μm、-7μmを示す。これはアタリの大きい側にワークが引き寄せ（変移）られていることを示している。表 4.7、図 4.18 の場合はこれに該当する

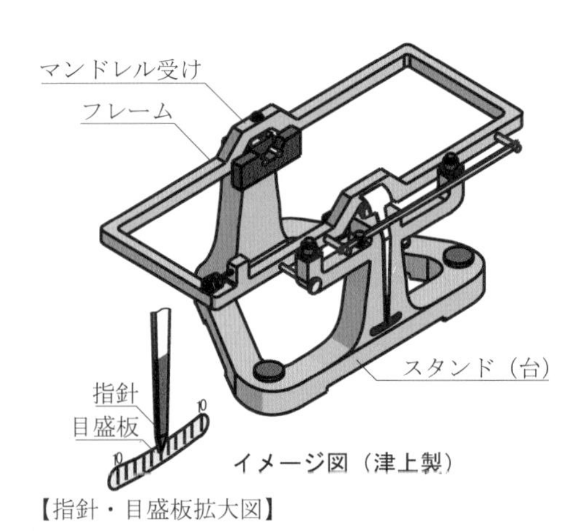

砥石バランス取り器（天秤式バランス台）

円筒研削盤作業の測定に係る機器・工具・消耗品の例（3/13）

第５章　万能研削盤のパフォーマンスを引き出す為に

5.1　ドレッサーの心高違いが砥石成形角度に及ぼす影響とその対策

万能研削盤で通常用いているドレッサーとしては、常用型、成形用型、標準型等がある。

常用型ドレッサーは、専ら砥石外周のドレッシング（目直し）のときに用いられる。このドレッサーは、作業上の利便（作業性をよくする）の観点からドレッサーの取り扱いを容易にすべく、取り付け角度の自由度を大きく取れるようにしてある。そのため、実際の使用時には、一定の心高に維持出来る成形用型や標準型のドレッサーに対し、心高の高低に若干のバラツキが生じることが多く、砥石角度の成形作業には不向きとなる一面がある。したがって、成形用型及び標準型とは使用上で差異が出てくることを念頭に入れておく必要がある。

心高の異なるドレッサーを用いて砥石の角度を成形すると、図 5.1 のような微妙に違いがあることを体験することが出来る。①砥石軸心より心が高いドレッサーで成形すると（常用型の場合）、図 5.1- ①のように砥石は狭角度に成形される。また、②砥石軸と同心高のドレッサーの場合は、角度が前者よりも広角度に成形される。

砥石を、砥石台旋回角度と同角度の砥石に成形出来るようにするためには、砥石軸心と同心高のドレッサーを使って、成形することが望ましい。

図 5.1 で示す成形用型ドレッサーを用いれば 20°の砥石台旋回角度で、70°の砥石成形が得られる。

一方、心高を高くして成形すると、70° + θ =70° 2′に成形されてしまう。ただし、ドレッサーの心高差は代替え測定に基づく数値によるもので、正確な測定値で捉えたものではない。数値は成形した砥石で研削加工を行って得た測定値である。結果は 2 分の差が生じていることが判明した。理解をより容易にするため、図 5.1 にまとめてみた。

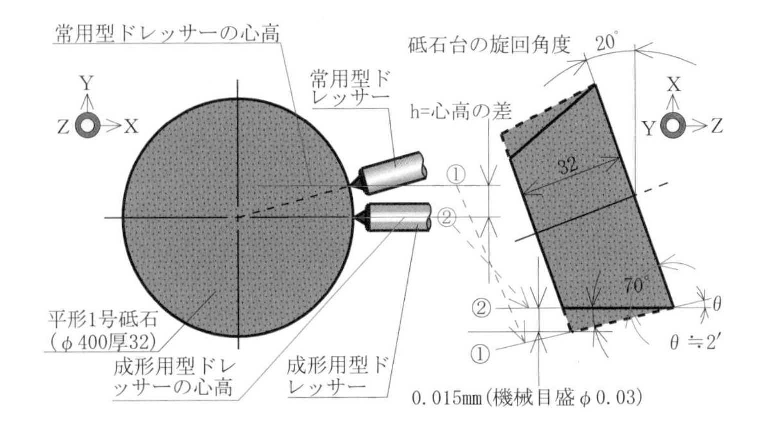

図5.1　ドレッサーの心高違いにより生ずる砥石成形の角度差

5.2　主軸台首振りによる狭角度テーパーの補正

成形誤差は加工精度に影響するが、テーパー研削加工の角度補正で調整して補っている。通常、テーブル微量旋回の操作によって行うが、別のやり方としては、主軸台の微量首振りにより補正を行うやり方もある。

両センター作業において、ワークピースの平行をよく出したとき、テーブル端の旋回角度目盛板をみると、基点とゼロ点は必ずしも一致していない（図5.3)。ワークピースの平行（円筒度が限りなくゼロに近づいた状態）研削加工が可能な心押し状態にあるとき、基線と目盛線のゼロ点が一致するように調整しておくと、修正・補正角度を追う際、研削作業上都合がよい。

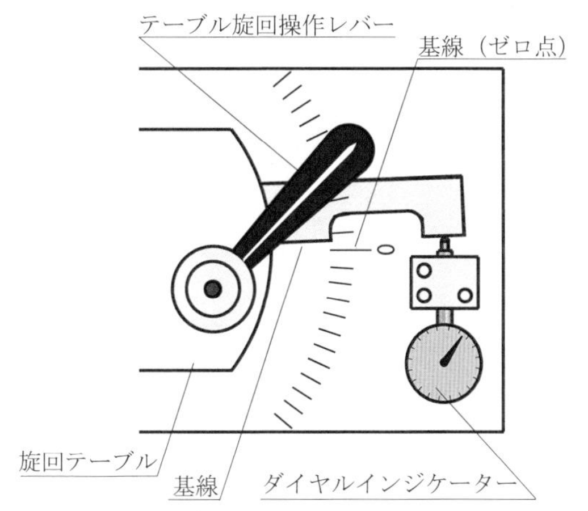

図5.3　旋回テーブル旋回操作部（Studer-S30万能研削盤）

心押し台に心ずらし機構（Studer-S30 には X 軸方向に心ずらしを行う機構がついている）がない TUGAMI T-UGM350 の場合、図 5.4 のように主軸台を微小旋回させて平行出しのための補正をすることがある。その進め方は表 5.1 が示すとおりである。

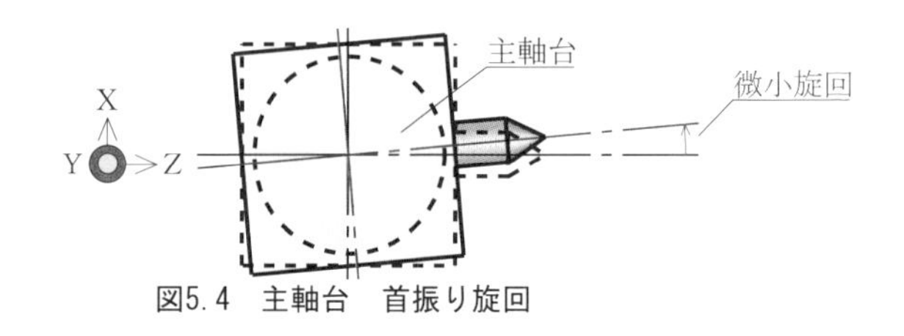

図5.4　主軸台　首振り旋回

表5.1

順	工　程	作業　内容	備　考
1	ワークセット	①両センターにワークピースをセットする	砥石　基線とゼロ点　主軸台　ワークピース　心押し台 図5.5 ワークセット＆ゼロ点合わせ
2	ゼロ点合わせ	①基線に目盛板のゼロ点を合わせる	
3	研削加工	①試し削り (プランジ、トラバース)	
4	測定	①テーパーを測る ($D_1 > D_2$) ②補正値を求める	G_2　ϕD_1　ϕD_2 図5.6 ワーク径測定
5	ダイヤルセット	①プローブをワークに当てる	
6	主軸台旋回	①主軸台の首振り操作 ②ダイヤル目盛が $\frac{D_1-D_2}{2}$に変移したら 主軸台を固定する	主軸台旋回　変移量　X　Y　Z　測定点　ダイヤル 図5.7　主軸台旋回図
7	研削加工	①平行出しの為の補正削り	
8	測定	①ワーク円筒度(ゼロに近い)を確認する	

別表1

Studer-S30用　　平行出し　早見表										
d (μm) ＼ L (mm)	0.5	1	2	3	4	5	6	7	8	～～～100
0.5	(μm) 363.5	182	91	61	45	36	30	26	23	～～
1.0	727.0	364	182	121	91	72	61	52	45	
1.5	1090.5	545	273	182	136	109	91	78	68	
2.0	1454.0	727	364	242	182	145	121	104	91	
2.5	1817.5	909	454	301	227	182	152	130	114	
3.0	2181.0	1091	545	364	273	218	182	156	136	
3.5	2544.5	1272	636	424	318	254	212	182	159	
4.0	2908.0	1454	727	485	364	291	242	208	182	
4.5	3271.5	1636	818	545	409	327	273	234	204	
5.0	3635.0	1818	909	606	454	364	303	260	227	
5.5	3998.5	1999	1000	666	500	400	333	286	250	
6.0	4362.0	2181	1091	727	545	436	363	312	273	
6.5	4725.5	2363	1181	788	591	473	393	338	295	
7.0	5089.0	2545	1272	848	636	509	424	364	318	
7.5	5452.5	2726	1363	909	682	545	454	389	341	
8.0	5816.0	2908	1454	969	727	582	485	415	364	
8.5	6179.5	3090	1545	1030	772	618	515	441	386	
9.0	6543.0	3272	1636	1091	818	654	545	467	409	
9.5	6906.5	3453	1727	1151	863	691	575	493	432	
10.5	7270.0	3635	1818	1212	909	727	606	519	454	

［平行出し手順］

①

②

L mm

d_1　d_2

$d_1 - d_2 = \Delta d$〔μm〕

③ $363.5 \cdot \dfrac{\Delta d}{L} = b$〔μm〕

④ b〔μm〕

別表2

万能研削盤(津上) テーパー修正早見表　TUGAMI T-UGM350										
L_2 / D_1-D_2 mm	mm 1.0	1.5	2.0	2.5	3.0	3.5	4.0	4.5	5.0	～～
0.0005	mm 0.150	0.100	0.075	0.060	0.050	0.043	0.038	0.033	0.030	～～
0.0010	0.300	0.200	0.150	0.120	0.100	0.086	0.075	0.067	0.060	
0.0015	0.450	0.300	0.225	0.180	0.150	0.129	0.113	0.100	0.090	
0.0020	0.600	0.400	0.300	0.240	0.200	0.171	0.150	0.133	0.120	
0.0025	0.750	0.500	0.375	0.300	0.250	0.214	0.188	0.167	0.150	
0.0030	0.900	0.600	0.450	0.360	0.300	0.257	0.225	0.200	0.180	
0.0035	1.050	0.700	0.525	0.420	0.350	0.300	0.263	0.233	0.210	
0.0040	1.200	0.800	0.600	0.480	0.400	0.343	0.300	0.267	0.240	
0.0045	1.350	0.900	0.675	0.540	0.450	0.386	0.338	0.300	0.270	
0.0050	1.500	1.000	0.750	0.600	0.500	0.429	0.375	0.333	0.300	
0.0050	1.650	1.100	0.825	0.660	0.550	0.471	0.413	0.367	0.330	
0.0060	1.800	1.200	0.900	0.720	0.600	0.514	0.450	0.400	0.360	
0.0065	1.950	1.300	0.975	0.780	0.650	0.557	0.488	0.433	0.390	
0.0070	2.100	1.400	1.050	0.840	0.700	0.600	0.525	0.467	0.420	
0.0075	2.250	1.500	1.125	0.900	0.750	0.643	0.563	0.500	0.450	
0.0080	2.400	1.600	1.200	0.960	0.800	0.686	0.600	0.533	0.480	
0.0085	2.550	1.700	1.275	1.020	0.850	0.729	0.638	0.567	0.510	
0.0090	2.700	1.800	1.350	1.080	0.900	0.771	0.675	0.600	0.540	
0.0095	2.850	1.900	1.425	1.140	0.950	0.814	0.713	0.633	0.750	
0.0100	3.000	2.000	1.500	1.200	1.000	0.857	0.750	0.667	0.600	

[テーパー修正テーブル旋回量Mの考え方]

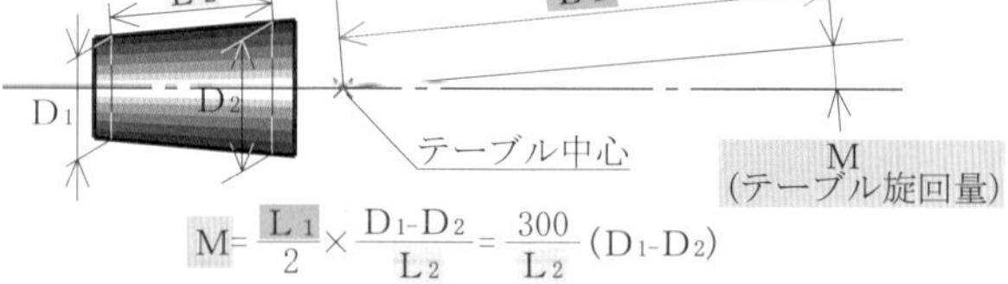

$$M = \frac{L_1}{2} \times \frac{D_1 - D_2}{L_2} = \frac{300}{L_2}(D_1 - D_2)$$

【付録】技術メモ登録の様式とその例

報告書の内容を　報告書用紙(TR-1)　に記録し蓄積しよう

報告書番号		整理番号※		検印			(高橋)
作成年月日	1991-3-20	受付年月日	19　-　-				

機密のランク	1.秘　2.社外秘　3.一般	公開日	19　-　-	報告レベル	1.役員　2.部長　3.課長　4.一般
		保存期間	19　-　-		

フリガナ 表題	バンノウケンサクバン　ケズ　カナガタジコウグシサクブヒン 万能研削盤でテーパーを削る(金型治工具試作部品)
番号	

所属名	生技本部生技2課		
社員番号	009618		
報告者名	高橋邦孝		

報告の概要（目的、方法、結果、結論、今後の展開）

目的　テーパー研削加工のオーダーに対して、フレキシブルに対応出来る工法を定着させる。

方法
1）実際に行ったテーパー加工、テーパー加工例(金型、治工具部品、試作部品)を考察し、
2）テーパー研削段取りの不具合調査、解析、
3）テーパー研削に関するスキル、測定方法の見直し、
4）砥石成形のテスト、テーパー研削加工別法に係る模索等を行った。

結果
1）テーパー加工品は多種に及び、また、研削作業も各種に亘っていることを認識した。
2）テーパー加工に於ける万研機の特殊性を把握することにより、テーパー研削加工のオーダーに対してフレキシブルに対応(加工精度、段取り時間の軽減等）が出来るようになった。
3）テーパー加工と測定に関するスキルを、段取りの標準化に反映出来た。
4）理論不足の否めない処があるが、固有技術と化した。

今後の展開　今後ともテーパー研削加工技術を追求し、若年技能者への指導に資すべく教材を作成し、活用して行きたい。

意見、処置、その他：

意見者印

フリガナ ディスクリプタ（検索用語）

総頁数	35	表の数	32	図の数	121	写真	0	サンプル数	0	※分類コード			

第１部のまとめ

東日本大震災以来６か月が過ぎた。復旧・復興に何の手助けも出来ない無能さ・無念さ・もどかしさの中、技術冊子の手作りを決意した。

オリジナルの冊子は、既に二十余年の歳月が経ち、説明不足の記述が随所にあることや、技能・技術の当時の未熟さが判明した。幸いその後に定型化出来た加工法もあることから、若干の加筆を行うことにした。

オリジナルは、プロローグ有り・エピローグ無しという半端物であった。元々、若年技能者向けの手ほどき用として書き上げた冊子であったが、個々の章で取り上げてきた中身は、実例を基に整理したものであったため使いやすく、その後も固有の技術として実務に脈々と生かされてきた。泥臭くも技術メモの有用性を感じながら今日に至っている。取り扱ってきた角度加工の事例は他にもあり、当冊子への組み入れを考えたが、次回作に譲ることにした。

円筒研削加工に於ける角度加工に係る作業は、両センター作業のみならず、チャック作業、振れ止め作業他がある。また内容は外研・内研の分野に繋がり、実作業は、複雑多岐を余儀なくされている。更に大径・小径の加工オーダーは、設備能力と使用工具有り無しの兼ね合い、はたまた研削加工面の模様、あるいは加工精度（面、寸法）と角度部分の組み合わせが求められる高精度加工のオーダーは加工者を悩ませてきた。

近年、高精度加工に併せ加工材料も、超硬・セラミックス、他高硬度で難削の被削物がとみに多くなった。これに対応する研削工具の調達と、使い方の研究が技能者に求められることになった。

冊子タイトルの格好良さの割りには、取り上げず仕舞いの作業の方が多い感じがして、期待外れのものになっている。今は、機会再来のあることを期待しつつ、且つ、この埋め合わせが出来ればと考えている。

いずれにしても、技能を述べ尽くすことは誠に難しい。不肖なる技能者であることを痛感している次第であるが、当冊子が初心者のガイドになり、技能継承に繋がるところがあれば幸甚に思うところである。

（2011.9.13）

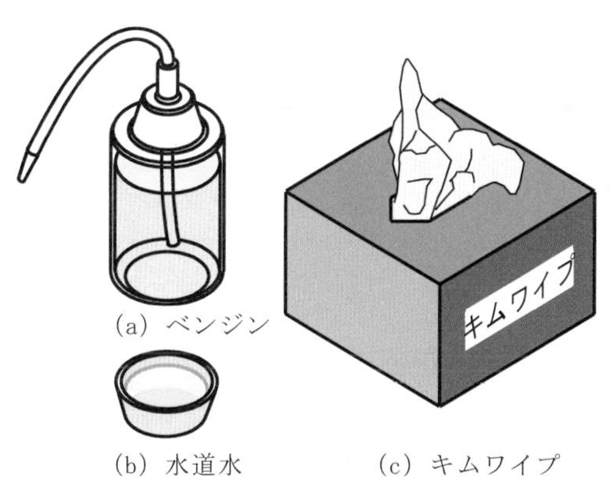

(a) ベンジン

(b) 水道水　　　　　(c) キムワイプ

図2-20　清浄用品等

円筒研削盤作業の測定に係る機器・工具・消耗品の例（4/13）

円研作業シリーズ　No.6

第2部　ステ研

万能研削盤作業で加工精度を作り込む

（金型・治工具・試作部品）

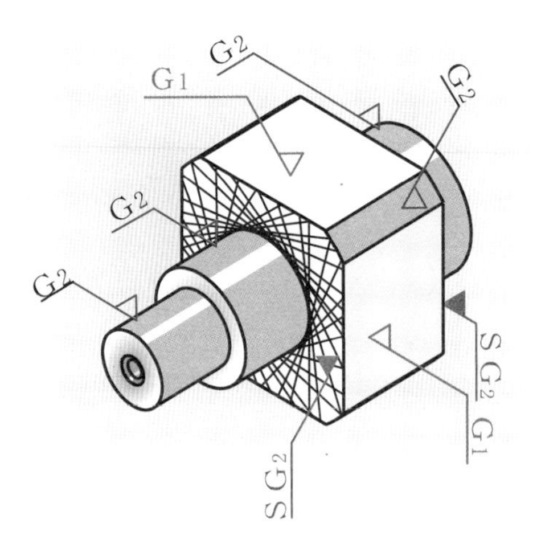

第２部によせて

此処にいうステ研とは、円筒研削加工に於ける補助削りのことで、旋盤やフライス加工では単にステ削りと称して職場内で用いられている仕事言葉である。

1983年（S.58年）第17下期のチャレンジ管理表（当時の勤務先『東北リコー㈱』の業績自己評価表）の控えには、「円筒研削加工に関するステ研技術の体系化と水平展開」と銘打って、一技術書を作成する旨の記述があった。取り上げた理由は、「ものづくりの流れの中で、次工程が行う作業を念頭に置き、ものづくりにあたる者が、良い加工者である」と考えている上司や先輩からの耳学問・ステ研と称する作業が重要な作業であると認識したからである。

とはいえ、円筒研削作業では係るステ研の概念や定説は無く、著者が目指す技術思想を構成する一技術手法に育成していくべき良い案件になると暗に思うようになり、事は日増しに急浮上して展開していった。

ステ研の概念は当時行っていた実際の作業の中からつぶさに拾い上げ、泥臭くその作業内容を記述し実態を把握した。思考錯誤して行うまとめの中で、作業の特質が明らかになっていった。やがて判りやすく体系化できる見通しが立ち、定着すべき精密研削加工の一技術として期待することになった。

当時、熊谷義昭次長から、若年技能者への指導要請を受けていた状況下にあった。この要請は著者に取って期待して取り組むべき項目として首尾よく技術書作成に意欲を醸し出す契機になった。

しかし、浅学の上に且つ短期仕上がりを求めたため、乱暴に決めつけたり、言語道断な記述となった箇所もある。言うまでもなく内容は若干不本意なものとなっている。

説明を容易にするため、ステ研の図示は、職場で決められていた円筒研削加工工程名である（G_2）と、ステ研の頭文字Sを組み合わせ、著者一存で（▼▼▼）の記号とSG_2の文字を併記して示してきた経緯がある。原本「1991（S58）.7.22作成」の記述は本文のとおりである。

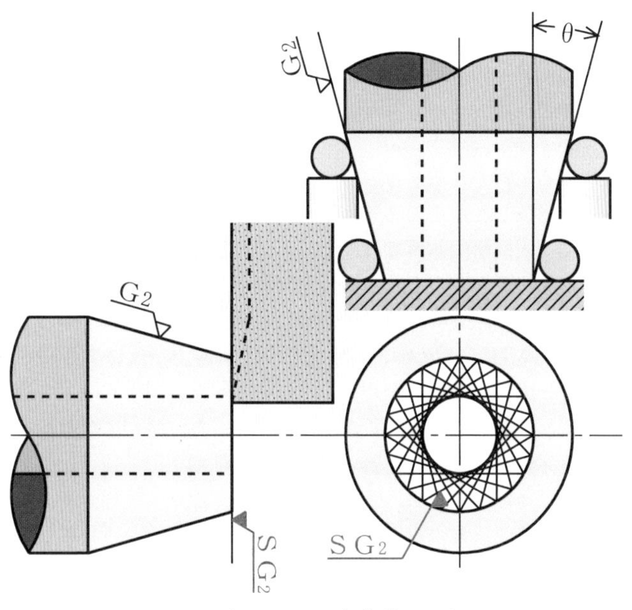

ステ研とステ研面を基準にした
角度測定の概念図

序

被削物の表面は、漠然と見る限りでは、光沢があるとか無いとか、綺麗な面だとか、汚い面として目に映る。これも拡大鏡を通して見ると幾何模様の集まりであることがわかる。

この幾何模様は分析することによって、研削加工時の研削方法や研削加工条件がどのようなものであったのかそれを明らかにすることができる。

しかし、最終加工面を得るまでに経てきた前工程の被削面は既に削り取られてしまっているから、精度を作り込んできたプロセスや工法を推測する術はない。

これは、除去加工がもつ一つの特徴であり、加工プロセスや工法を知るためにはその時々の詳細な加工記録や記述が必要となる。

万研（万能研削盤）による研削工法は、先ず、皮剥き研削に始まる。そして、様々な目的と意義をもつ研削加工手順を踏んで進められていく。研削加工プロセスの中に組み込まれた加工精度出しは足取りが長く、幾重にも手間の掛かる除去加工によって進められて行く。

皮剥き研削、試し削り研削、修正（補正）研削、補助削り（ステ研）等は、それぞれの段階で行われ、最終の目的とする加工精度出しにつなげていく役目を担ってくれる。一方、創製された研削面は、製作過程の次の工程で、別の要求加工精度を得るための基準面や基準線として重要な機能を果たしてくれる。故に、ステ研を含むこれら各研削加工の被研削面は何らかの形で精度出しに関与する事になる。

円研シリーズの今回は、それら研削加工の内の一つ、加工技術の職場でさりげなく行われているステ研という仕事言葉の意義とその深さに触れてみることにした。

因みに、削るということはどういうことなのか、また、精度出しの根底にあるものとは如何なるものか、これらについても確かめることにした。

これを契機に万研（円筒研削）作業に携わる担当者の拘り（削るとい

うことへの）の一部を紹介したいと思う。随所の至らぬ点は覚悟しているが、寛容に受け止めていただき、機会を得てご指導を賜ることを願っている。

作成 1991（H3）.7.22

生産技術部　生産技術２課

試作グループ　髙橋邦孝

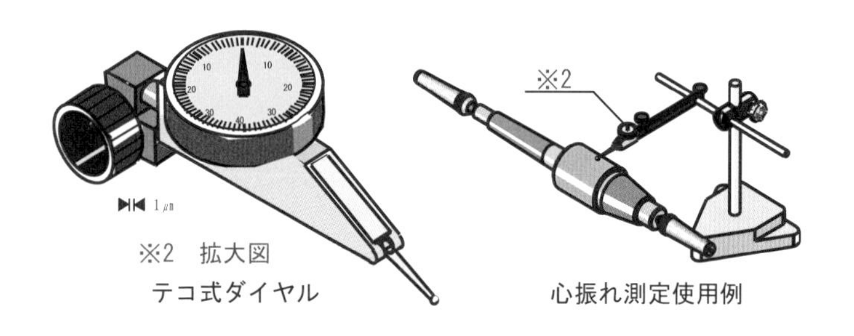

円筒研削盤作業の測定に係る機器・工具・消耗品の例（5 /13）

第 1 章　円筒研削作業に於ける削るということ

1.1　皮剥き研削作業から寸法出し研削作業まで

万能研削盤作業では、円物(まるもの)に関して行う外筒、内筒、側面すべての面においての研削加工が可能である。内外研については、平行削りとテーパー（角度）削りがあり、研削方式としては、トラバースカット、プランジカットが主流で、それにバリエーションを加えたやり方もある。

研削加工手順は図 1.1 が示しているように幾つかの研削目的をもたせて、図 1.2 が示す要求精度と公差を満たすように上記研削方式を使い分け、①～⑦の手順で進め、製品に仕上げられていく。

粗材から完成品に至るまでの手順は、大局的には粗削りと仕上げ削りにより行われるが、実際にはもう少し手が掛かっている。掘り下げて削り方を言えば、図 1.1 が示す①皮剥き研削、②粗削り試し研削、③粗削り平行出し研削、④余肉削り研削（粗削りそのもの）、⑤仕上げ削り試

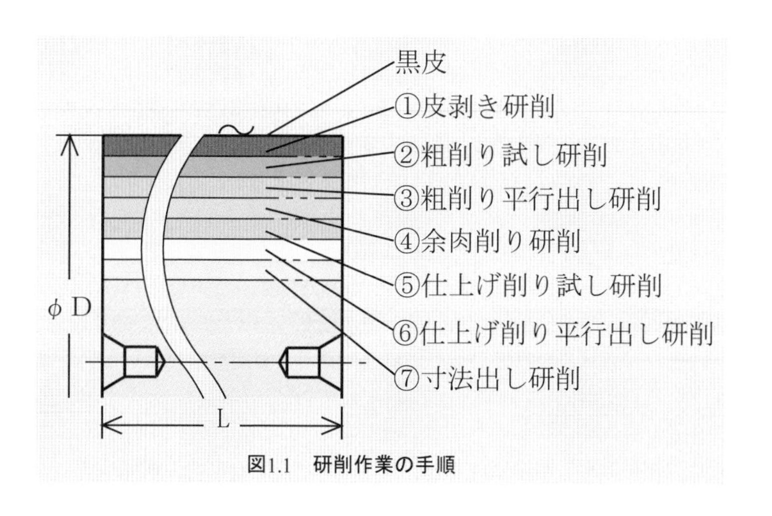

図1.1　研削作業の手順

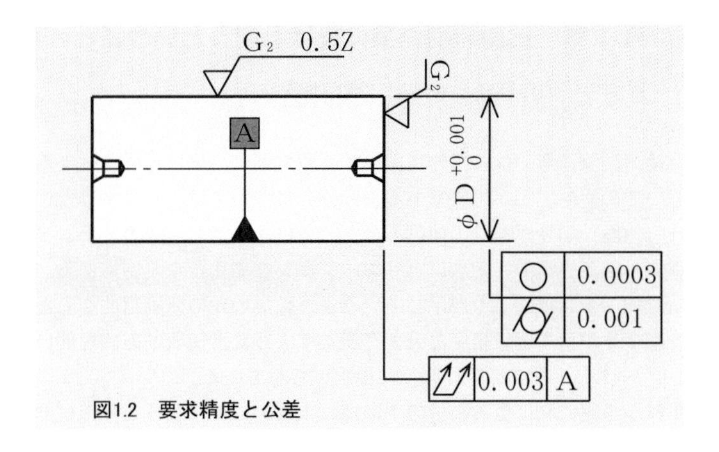

図1.2　要求精度と公差

し研削、⑥仕上げ削り平行出し研削、⑦寸法出し研削の手順で行う。

手順の中の各研削作業は、それぞれ明確な目的を持っている。①皮剥き研削においては、研削代の確認が目的であり、②粗削り試し研削では段取りの適否確認にあり、③粗削り平行出し研削では、粗加工代（寸法と円筒度）の許容値確保・確認が目的となる。④余肉削りでは、仕上げ代を残して仕上げするとき都合がいいように不要部分を能率良く除去する。⑤仕上げ試し削りでは、要求精度と公差（真円度、円筒度、面粗さ精度等）にどれだけの差があるかを察知・確認することにあり、⑥仕上げ削り平行出し研削では、仕上り寸法と円筒度許容を満たし且つ面粗さ、真円度の許容値を満たし得る段取り条件の確認を目的としている。⑦寸法出し研削で＋は、仕様が示すすべての公差を満たすための最終削り込みである。

パチンコ台に打たれている釘には一本たりとも無駄釘はないという話を聞いたことがある。一本いっぽんの釘に目的を持たせ、それぞれに機能を果たさせているということになるのだろうか。今此処で述べてきた研削各作業要素も同様で、それぞれに研削目的をもたせて機能させ、抜かりのない手順を踏むことで、製品は作り込まれて行くのである。

過去に作られてきた金型、治工具、試作部品は、皮剥きから寸法出しまで、許容精度内に作り収める目的を貫き、一連の研削作業というプロセスの中で、火花を散らし削り上げてきた製品なのである。

1.2　万研（万能研削盤）作業で求められる加工精度（公差）に期待されるもの

万研で要求される加工精度は形状公差、位置公差、振れ公差と称する種類の中の特性値で示される。公差の種類の中の形状公差には真直度、平面度、真円度、円筒度があり、位置公差の中には同軸度、同心度がある。また振れ公差の中には円周振れ、全振れがある。

とりわけ形状精度を構成している幾何公差としては表 1.1 に示したが、更に面精度を求める面粗さ精度やうねり等がある。したがって、得られた加工精度は、これ等の公差に対する満足度で評価され、かつ得られた精度は次のように機能することが期待される。

図 1.3 は、圧入ピンの類の加工品の例である。研削加工がなされ、仕様が示す許容値が満たされた $\phi\ 20^{+0.01}_{0}$ 面は圧入時の適圧圧入と組立精度に期待・反映される。

表1.1　万研（万能研削盤）で得られる幾何公差

種類	特性	記号
形状公差	真直度	—
	平面度	⏥
	真円度	○
	円筒度	⌭
位置公差	同軸度	◎
	同心度	
振れ公差	円周振れ	↗
	全振れ	⌰

（『研削工学』　精密工学会編）より引用

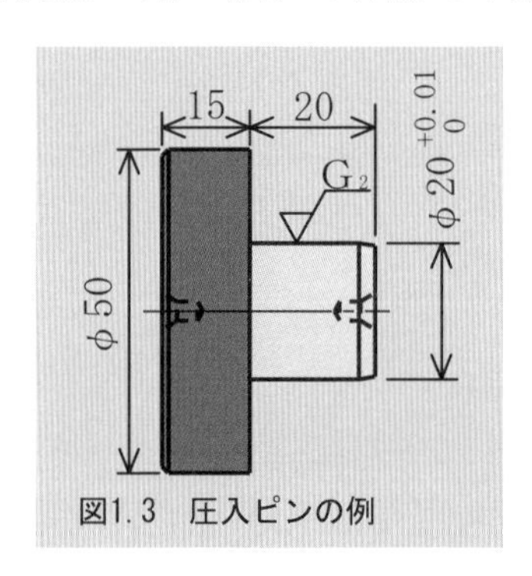

図1.3　圧入ピンの例

また、図 1.4 で示す①②の被削面は、治具研工程(心出しの基準になる)で③ $\phi\ 10^{+0.01}_{0}$ 部の内面研削するときに機能する。$\phi\ 20^{+0.01}_{0}$ 部は V 受けによる保持部となり、②の $\phi\ 50^{+0.01}_{0}$ は心出しの基準円となる。更に製品として完成した暁には、$\phi\ 20^{+0.01}_{0}$ は圧入時に機能し、$\phi\ 50^{+0.01}_{0}$ は、治具として組立てられた系の中で本来の機能を果たすことになる。

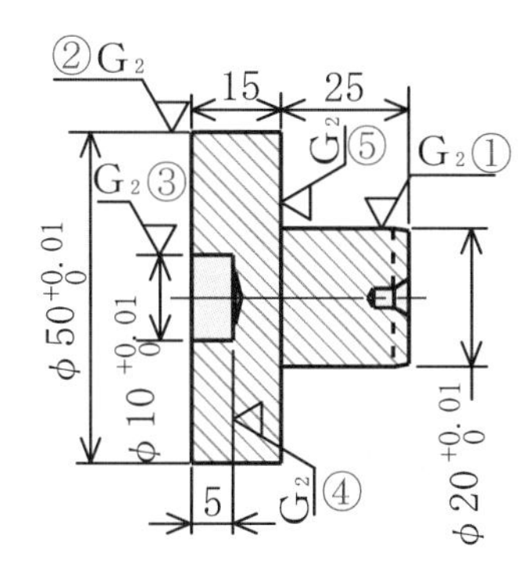

図1.4　治具構成 1 部品の例

万研で作り込まれた円または面の精度は、上述してきたように、次の関連加工工程または組立工程の中で精度出しのための準備として使われ、更に製品そのものは治具の機能の中でそれぞれに与えられた機能を発揮することになる。

この様に精度よく作り込まれた研削加工面は、機能面（円または線）として、多岐に亘る機能（役割）発揮が期待されている訳である。

1.3 狭義のステ研と広義のステ研

図 1.5 はテーパーフランジの加工図である。円研（円筒研削）工程では、$20^{\circ}{}^{+15'}_{0}$のテーパー部とツバ端部を研削すればよい。

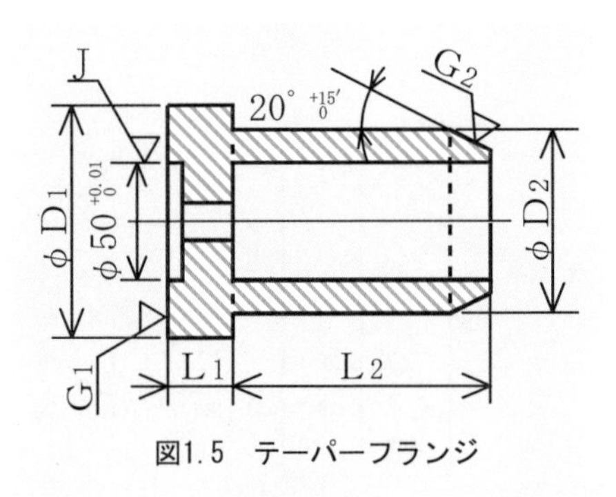

図1.5 テーパーフランジ

しかし、よく考えてみると、角度の測定上、図 1.6 の端面の研削と、治具研工程のための ϕD_3（$\phi 50^{+0.01}_{0}$ の心出し用）並びにツバ段付き面（ツバ受け用）の研削加工が必要になる。図面では指示されていないけれども、加工者仲間で取り決めして、研削の補助加工を行うことも円研工程ではステ研（**第２部によせて**のところで当初に述べた広義のステ研、これに対する狭義のステ研）にしている。この類の研削は「一発舐めてくれ！」と関連工程から依頼されることもあれば、自工程（ここでは円研工程）での気配りで削る場合もある。

この研削加工面は消去されることは少なく、最後まで残される場合が多い。この研削加工は目的が限定されることから狭義のステ研（以後、単にステ研）と呼ぶことにしたい。

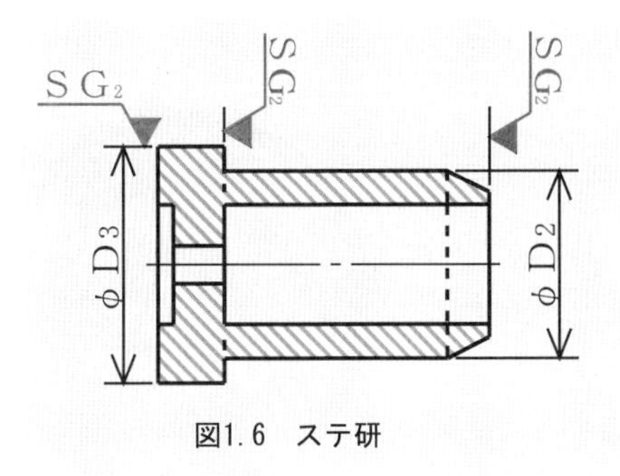

図1.6　ステ研

このステ研が行われることによって、正規の図面が示す研削加工面の数（箇所）は図 1.7 のように増える。

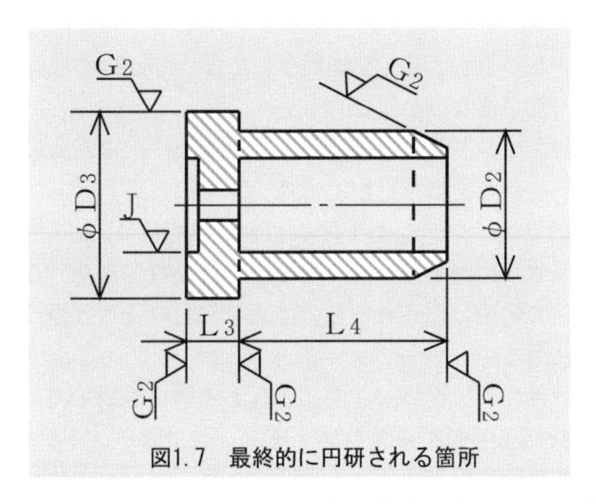

図1.7　最終的に円研される箇所

狭義のステ研部は､次工程において､加工精度を得るための基準面（あるいは円）として使われるから、この面はそれ相応に高精度に仕上げられなければならない。例えば図 1.6 端面並びに段付き面は、図 1.8 のアヤメ模様の創製が出来るように、円研段取り調整をして仕上げなければならない。

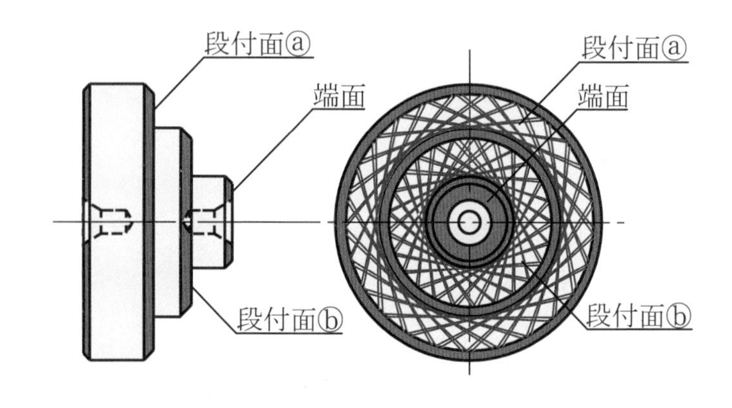

図1.8　アヤメ模様

また、図 1.6 ϕ D_3 は黒皮を皮剥きしただけでは良くない。測定を入れて許容真円度を得なければならない。

大袈裟に言えば、試し削りは、加工精度を良く出すためのステ研であり広義のステ研と考えることができる。

この試し削りは、ステ研面を得るときだけではなく、金型、治工具、試作部品加工で精度出しの工法として広く行われてきた。この研削面は加工プロセスの途中に作られるものであり、最終仕上げ面に取って替えられる定めにある。

図面指示はされていないが、関連工程あるいは後加工の精度出しのために加工された研削面を狭義のステ研（一般に言うステ研）とすれば、ステ研面あるいは図面指示による研削面を得るプロセスにある皮剥き研削や試し削り研削、補正（修正）削り研削、平行出し研削等は、広義のステ研（以後に詳述するステ研とは本質的に異なる）と解することが出来る。

ステ研は、本来の研削加工技術と区別しておく必要があるが、どちらも加工の精度出しには深く関わりをもっている。以後、図を示して事例を上げて行くことにするが、作図を容易にするために、「治具研工程はJ、平面研削工程は G_1、円筒研削工程は G_2、ステ研は▼ SG_1、▼ SG_2」と記号化して示していく。

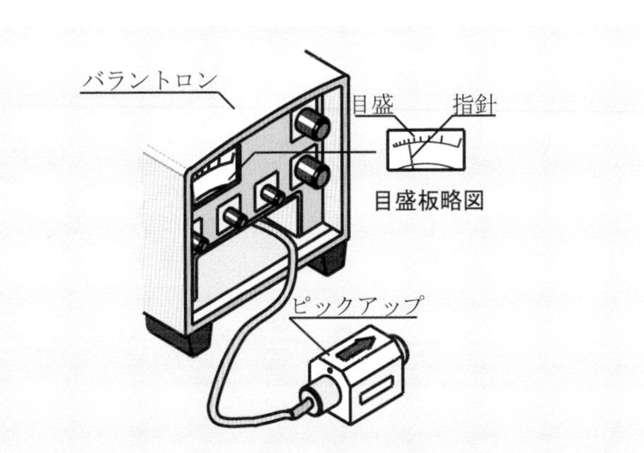

砥石動バランス取り器balantoron 2230Bのイメージ図

円筒研削盤作業の測定に係る機器・工具・消耗品の例（6/13）

第２章　ステ研

一般的に研削加工を依頼された加工品の仕様によっては、自工程内の作業、あるいは後に続く関連工程との関わりを考慮して、研削加工精度の作り込みについて熟考することがある。

図面に指示されている要求仕様を満たす加工品質を得るため、先ずはステ研（狭義のステ研）の箇所を決め、次いで研削作業に入る。

研削作業の中では皮剥き研削、試し研削、平行出し研削、補正研削等を行うことになるが、ここでは、これらを総じて、広義のステ研に入れておくことを既に申し述べてきた。

以下にステ研の事例を挙げコメントを添えていくが、これらを踏まえて、単に補助作業と言われてきたステ研作業が加工精度出しの重要な作業であるということの認識を高めその証を求めていきたい。

2.1　ステ研（狭義の場合）の事例

ステ研に係る調査の限りでは、自工程、関連工程に於いて、加工精度の許容値を得る目的があるため、また作業性の観点から、あるいは加工品の品位を上げたいとする目的から、金型、治工具、試作部品加工等の全般に於いてステ研の価値を認めている現況にある。

加工物のステ研箇所は、円周（ツバに係る）部、円筒部、テーパー部、段付き側面部、端面部、ネジ部、ガイド部（圧入に係る）等に亘っており、ステ研には個々に明確な目的が与えられている。

2.1.1 ステ研箇所「円周（ツバに係る）部」の事例

表2.1

事例	ステ研を必要とする工程名	要求仕様とステ研箇所	ステ研の目的	備考
①ツバ円筒部	J（治具研）	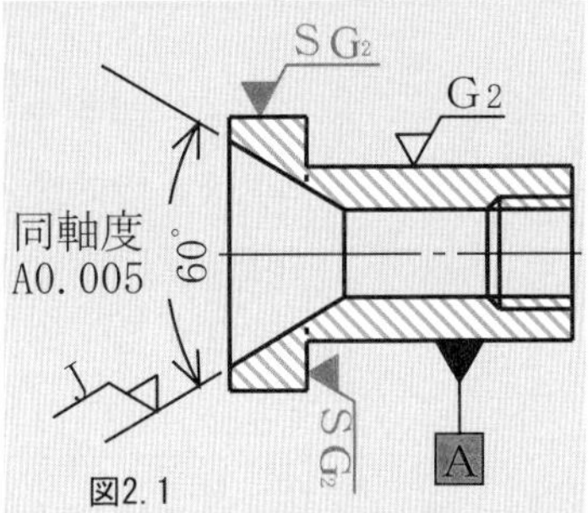 SG2 G2 同軸度 A0.005 60° J SG2 A 図2.1	テーパー穴 60°の同軸度0.005を得るための基準円を確保する	(1983) S58.10.8 オーダーNo. 09-131-0 センタースリーブ
②ツバ円筒部	E（放電）	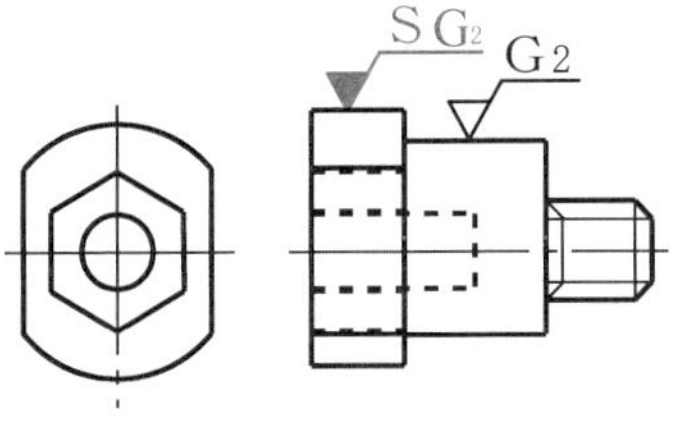 SG2 G2 図2.2	6角穴加工用、心出し基準円の確保	(1983) S58.10.4 オーダーNo. 09-152-0 特殊目的ボルト

2.1.2 ステ研箇所「円周部」の事例

表2.2

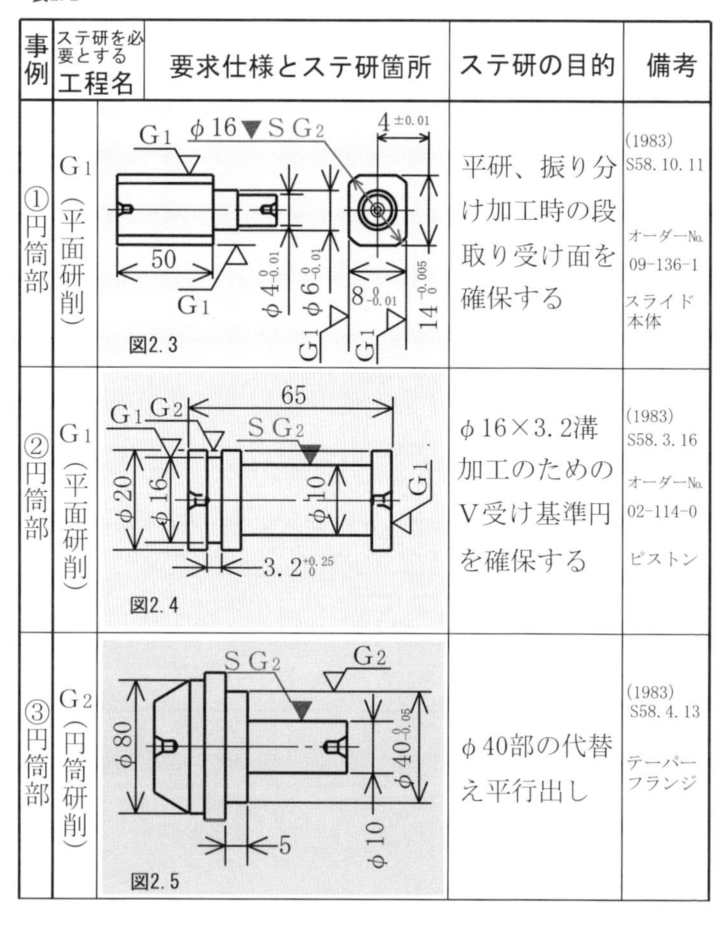

事例	ステ研を必要とする工程名	要求仕様とステ研箇所	ステ研の目的	備考
①円筒部	G1（平面研削）	図2.3	平研、振り分け加工時の段取り受け面を確保する	(1983) S58.10.11 オーダーNo. 09-136-1 スライド本体
②円筒部	G1（平面研削）	図2.4	φ16×3.2溝加工のためのV受け基準円を確保する	(1983) S58.3.16 オーダーNo. 02-114-0 ピストン
③円筒部	G2（円筒研削）	図2.5	φ40部の代替え平行出し	(1983) S58.4.13 テーパーフランジ

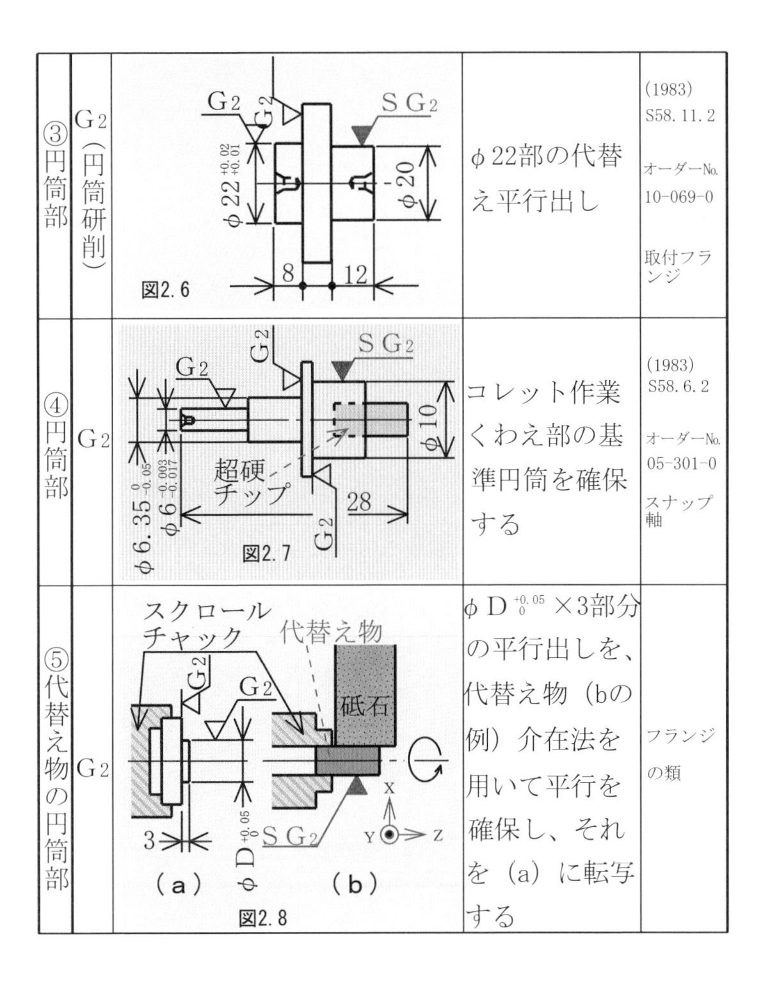

③円筒部	G2（円筒研削）	図2.6	φ22部の代替え平行出し	(1983) S58. 11. 2 オーダーNo. 10-069-0 取付フランジ
④円筒部	G2	図2.7	コレット作業くわえ部の基準円筒を確保する	(1983) S58. 6. 2 オーダーNo. 05-301-0 スナップ軸
⑤代替え物の円筒部	G2	図2.8	$\phi D^{+0.05}_{0}$ ×3部分の平行出しを、代替え物（bの例）介在法を用いて平行を確保し、それを（a）に転写する	フランジの類

⑥ツバ円筒部	G_2	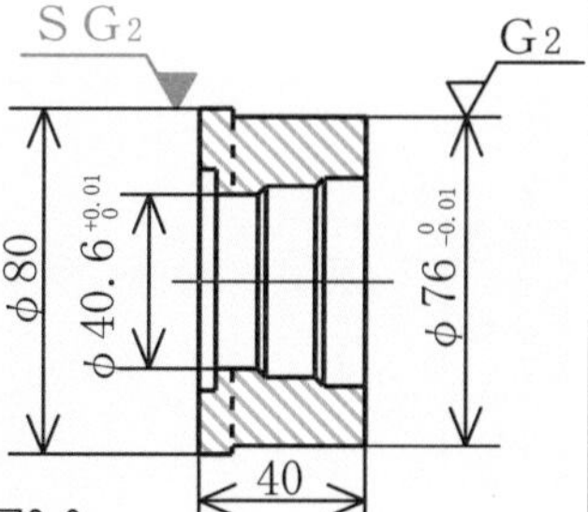 SG_2 / G_2 / $\phi 80$ / $\phi 40.6^{+0.01}_{0}$ / $\phi 76^{0}_{-0.01}$ / 40 図2.9	三方締めチャック作業のためのくわえ部分の基準円筒と、心出しのための基準円を確保する	治工具部品
⑦円筒部	G_2	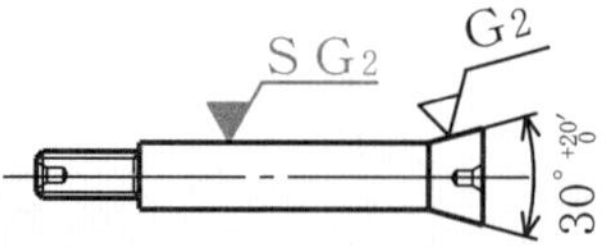 SG_2 / G_2 / $30°^{+20'}_{0}$ 図2.10	30°角度測定めのマスV受け基準を確保する	(1983) S58.12.11 オーダーNo. 11-143-2 引き棒
⑧円筒部	J	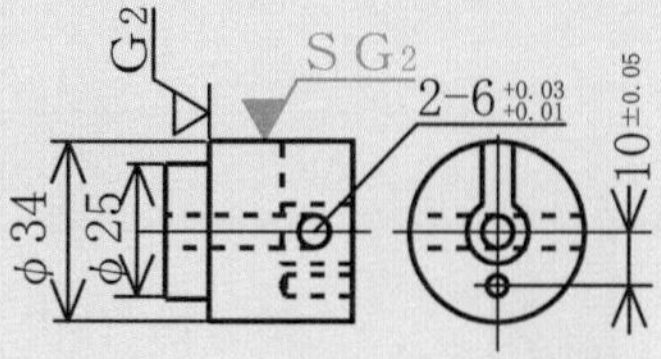 G_2 / SG_2 / $2\text{-}6^{+0.03}_{+0.01}$ / $\phi 34$ / $\phi 25$ / $10_{\pm 0.05}$ 図2.11	φ6穴心出し、10 ±0.05 ピッチ出し、φ6穴直角出しのためのマスV受け基準円筒を確保する	(1983) S58.6. 基準ボス
⑨ツバ円筒部	F(仕上げ)	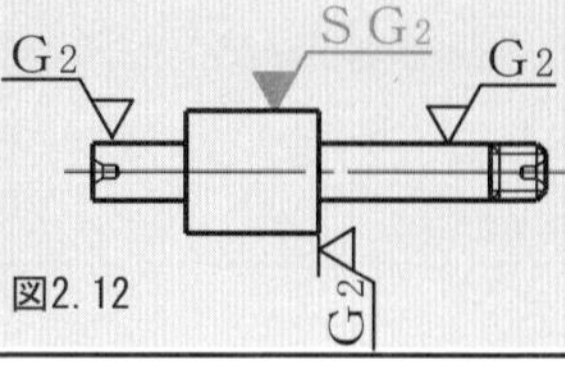 G_2 / SG_2 / G_2 / G_2 図2.12	刻印のための皮剥き	(1983) S58.11.30 オーダーNo. 11-065-0 心金

2.1.3 ステ研箇所「テーパー部」

表2.3

事例	ステ研を必要とする工程名	要求仕様とステ研箇所	ステ研の目的	備考
①テーパー部	G_2	代替え物 砥石 G_2 G_2 ϕD_1 ϕD_1 20° 3 X Y Z SG_2 図2.13	20°の角度を得る（代替え物で20°を得て、その砥石作用面をワークに転写加工する）	(1983) S58.12.21 オーダーNo. 11-204-1 モールド型

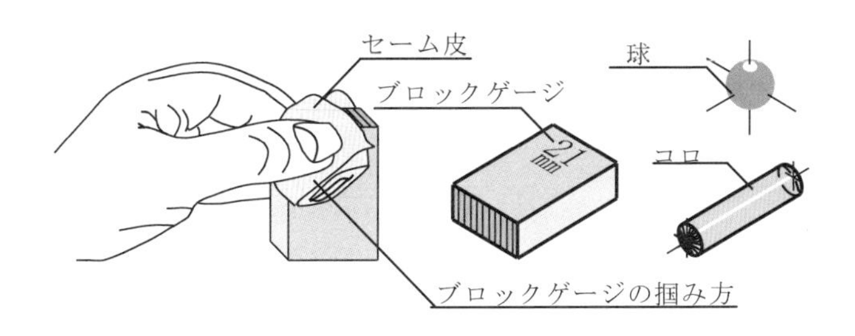

ブロックゲージとコロ

円筒研削盤作業の測定に係る機器・工具・消耗品の例（7/13）

2.1.4 ステ研箇所「段付き側面部」

表2.4

事例	ステ研を必要とする工程名	要求仕様とステ研箇所	ステ研の目的	備考
①段付き側面部	G2	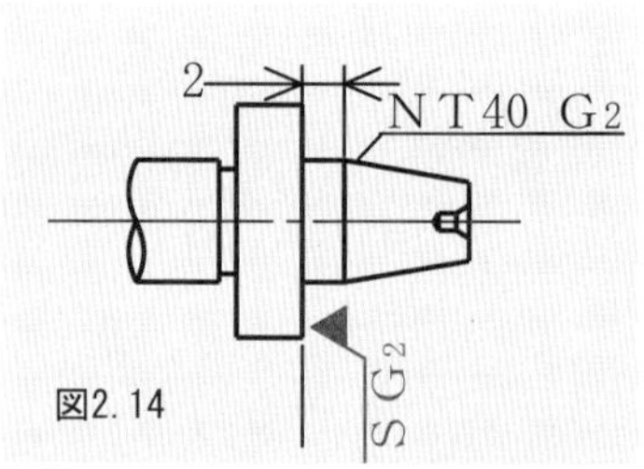 2 NT40 G2 SG2 図2.14	砥石をトラバースさせるときのツバ寄せを容易にする	(1983) S58. 10. 19 オーダーNo. 10-017-0 心金（治具）
①段付き側面部	G2	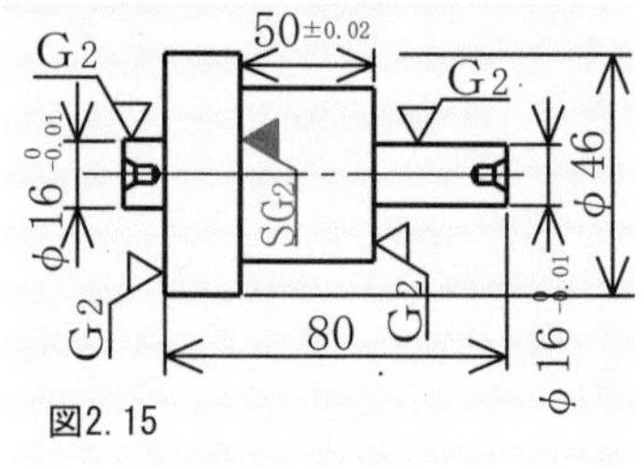 50±0.02 G2 G2 φ16 $^{0}_{-0.01}$ SG2 φ46 G2 80 G2 φ16 $^{0}_{-0.01}$ 図2.15	逆算法による50±0.02 の寸法出し	(1983) S58. 4. 14 オーダーNo. 04-019-0

2.1.5 ステ研箇所「端面部」

表2.5

事例	ステ研を必要とする工程名	要求仕様とステ研箇所	ステ研の目的	備考
①端面部	G2	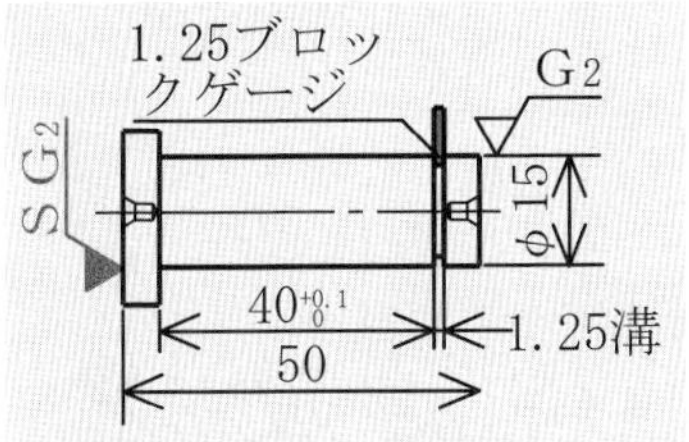 1.25ブロックゲージ　G2　SG2　φ15　$40^{+0.1}_{0}$　1.25溝　50 図2.16	$40^{+0.1}_{0}$部逆算法による間接寸法測定の基準面を確保する	(1983) S58. 5. 25 治具部品
②端面部	G2	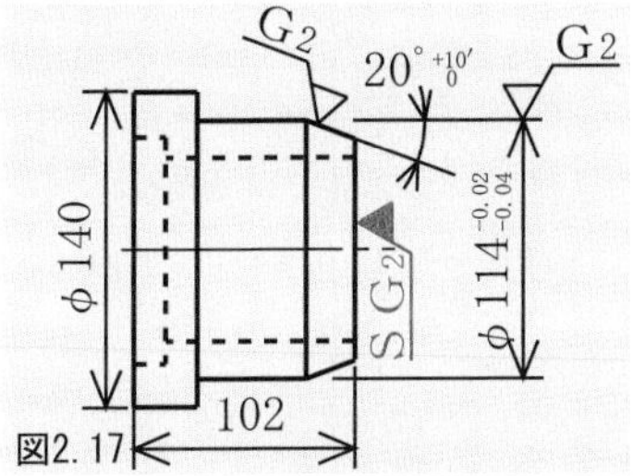 G2　$20°^{+10'}_{0}$　G2　φ140　SG2'　$φ114^{-0.02}_{-0.04}$　102 図2.17	$20°^{+10'}_{0}$角度測定（円研シリーズNo.4参照）用基準平面の確保	(1983) S58. 7. 28 オーダーNo. 07-070-0 フランジ
③端面部	LP ラッピング	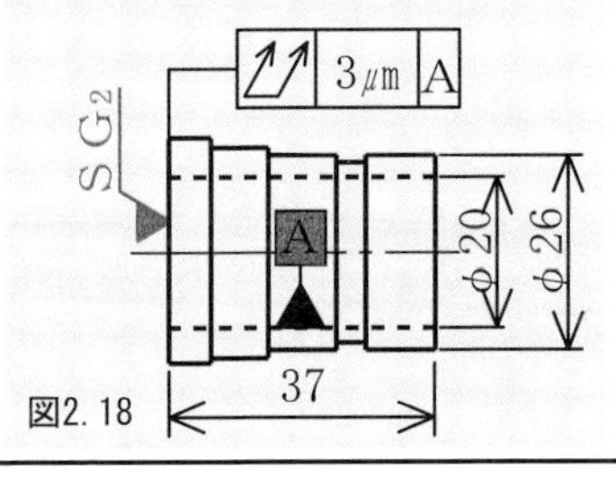 3μm　A　SG2　A　φ20　φ26　37 図2.18	ラッピング加工のための端面形状（凹1～1.5μm）を作る	(1990) H2. 10. 17 回転軸 ：動圧

2.1.6 ステ研箇所「ネジ部」

表2.6

事例	ステ研を必要とする工程名	要求仕様とステ研箇所	ステ研の目的	備考
①ネジ外周部	G_1	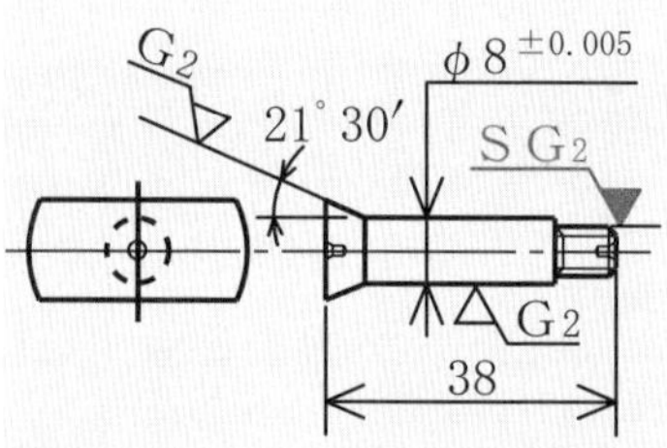 G_2 $\phi 8^{\pm 0.005}$ 21°30′ S G_2 G_2 38 図2.19	ネジ部、心ズレによる相手物への挿入の容易化、並びに平研時の受け部分を確保(段取りの容易化）する	(1983) S58. 9. 7 オーダーNo. 08-119-0 従動子
②ネジ外周部	F	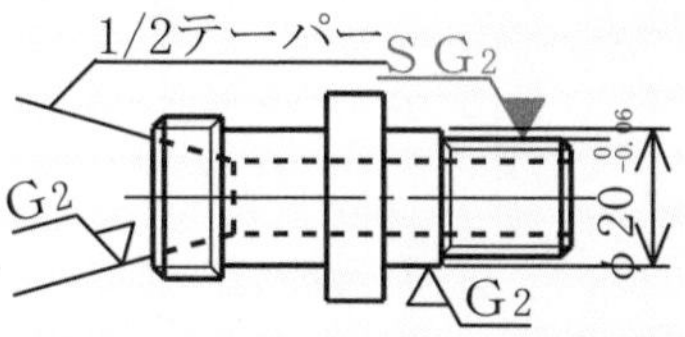 1/2テーパー S G_2 G_2 $\phi 20^{\ 0}_{-0.06}$ G_2 図2.20	軸部とネジ部の心ズレ（不具合）を除去組み付け時におけるφ20の挿入を容易にする	(1983) S58. 4. 18
③段付き側面部	G_2	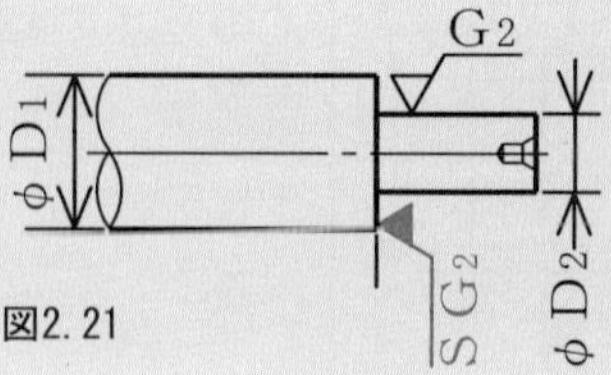 G_2 ϕD_1 S G_2 ϕD_2 図2.21	段付き角部のRを小さくする	

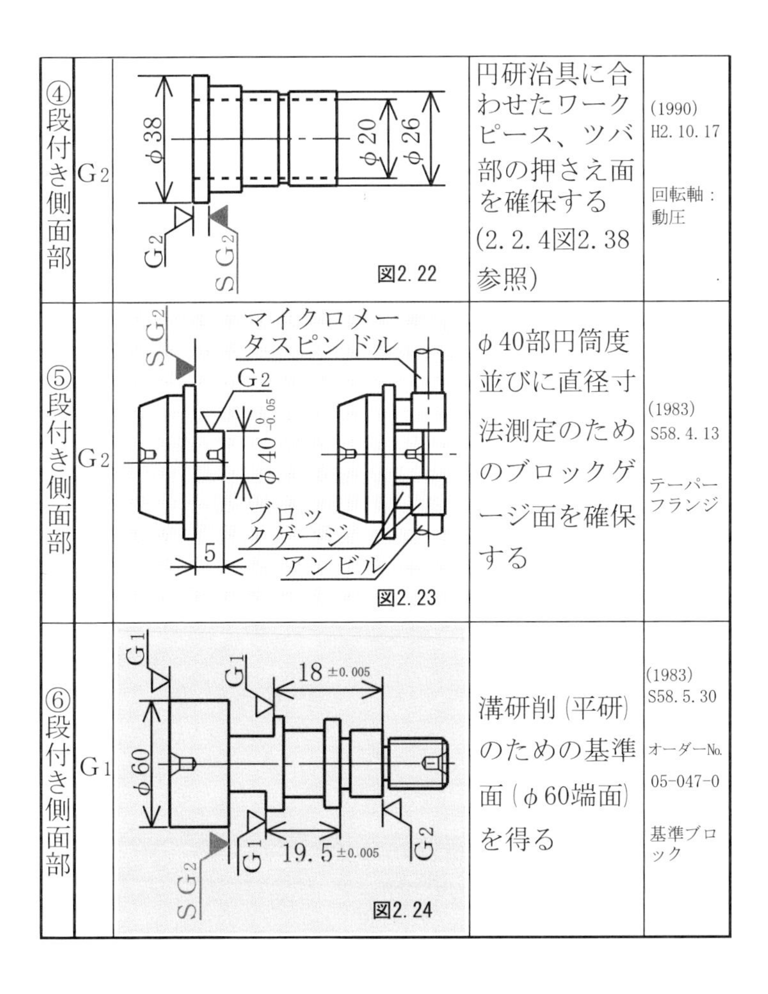

④段付き側面部	G_2	φ38 φ20 φ26 G_2 SG_2 図2. 22	円研治具に合わせたワークピース、ツバ部の押さえ面を確保する(2. 2. 4図2. 38参照)	(1990) H2. 10. 17 回転軸：動圧
⑤段付き側面部	G_2	SG_2 マイクロメータスピンドル G_2 $\phi 40^{0}_{-0.05}$ ブロックゲージ アンビル 5 図2. 23	φ40部円筒度並びに直径寸法測定のためのブロックゲージ面を確保する	(1983) S58. 4. 13 テーパーフランジ
⑥段付き側面部	G_1	G_1 G_1 $18^{\pm 0.005}$ φ60 SG_2 G_1 $19.5^{\pm 0.005}$ G_2 図2. 24	溝研削(平研)のための基準面(φ60端面)を得る	(1983) S58. 5. 30 オーダーNo. 05-047-0 基準ブロック

2.1.7 ステ研箇所「ニガシ加工部」

表2.7

事例	ステ研を必要とする工程名	要求仕様とステ研箇所	ステ研の目的	備考
①ニゲ部	G2	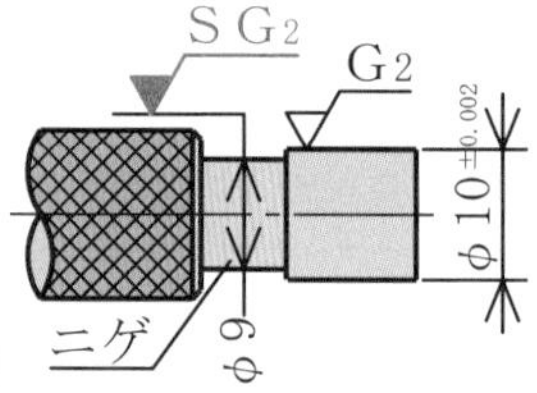 SG2 G2 ニゲ φ9 φ10±0.002 図2.25	真円精度確保（ストレート部をφ9に削り落とし、ゲージ本来の形状にする）	旧栓ゲージを改造
②軸円筒部	F	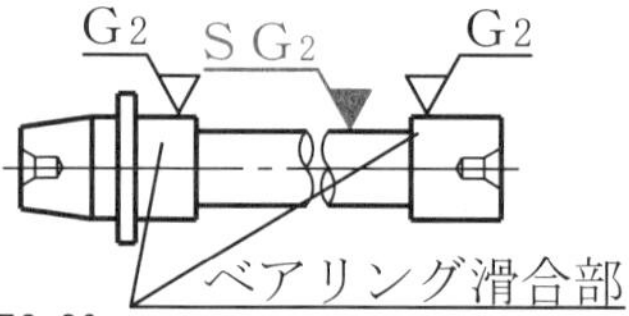 G2 SG2 G2 ベアリング滑合部 図2.26	回転時の振動防止のための同軸度を確保するため	(1983) S58. 11. 25 オーダーNo. 11-304-0 PVスピンドル

2.1.8 ステ研箇所「ガイド部」

表2. 8

事例	ステ研を必要とする工程名	要求仕様とステ研箇所 図2. 28	ステ研の目的	備考
①ニゲ	F	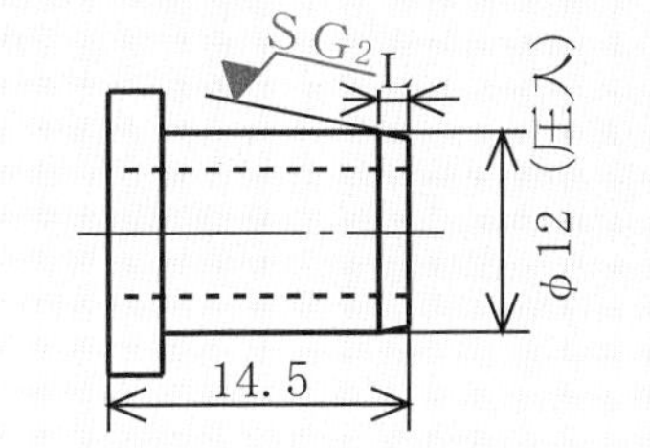 S G2 L φ12 (圧入) 14. 5 図2. 27	アルミ板の穴に圧入する場合等、相手部品の穴に痕を付けないようにテーパーガイドを付け、打ち込みを容易にする	(1983) S58. 4. 14 ブッシュ 1/100程度のテーパーをつける
②ニゲ	F	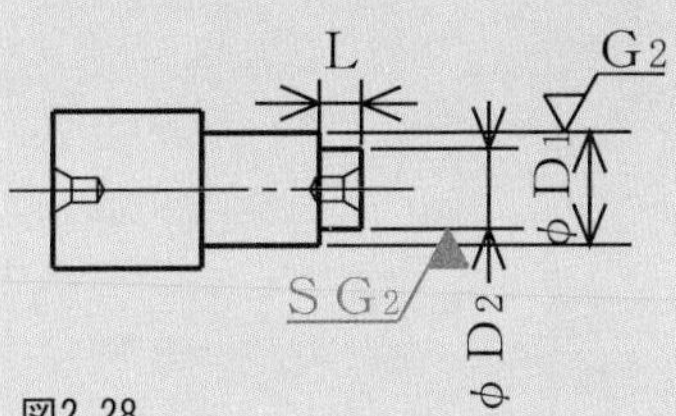 L G2 φD1 S G2 φD2 図2. 28	鋼板の穴に圧入する場合等、容易に圧入出来るようにガイドを付ける	(1983) S58. 5. 19 フランジ L＝3について $\phi D_1 - \phi D_2$ ＝φ0. 03の切り込み

2.1.9 ステ研箇所「複数箇所」

表2.9

事例	ステ研を必要とする工程名	要求仕様とステ研箇所	ステ研の目的	備考
①外周・段付き側面	J	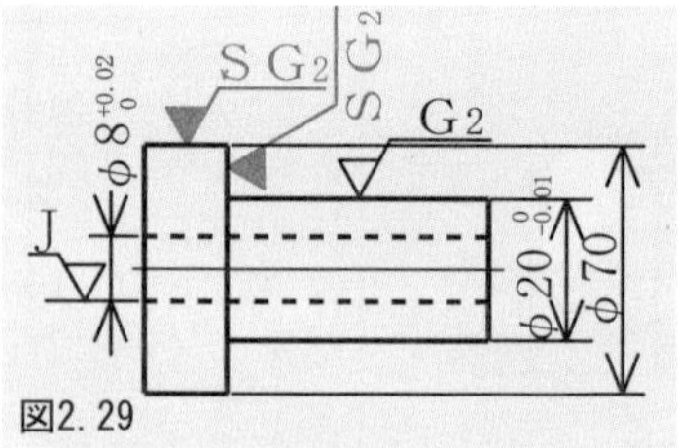 図2.29 SG2 SG2 G2 φ8 $^{+0.02}_{0}$ J φ20 $^{0}_{-0.01}$ φ70	φ8J加工穴の心出し用基準円並びにφ8穴直角出しのための基準面を確保する	(1983) S58. 4. 29 オーダーNo. 04-89-0 ワーク受け台
②両端面	G2	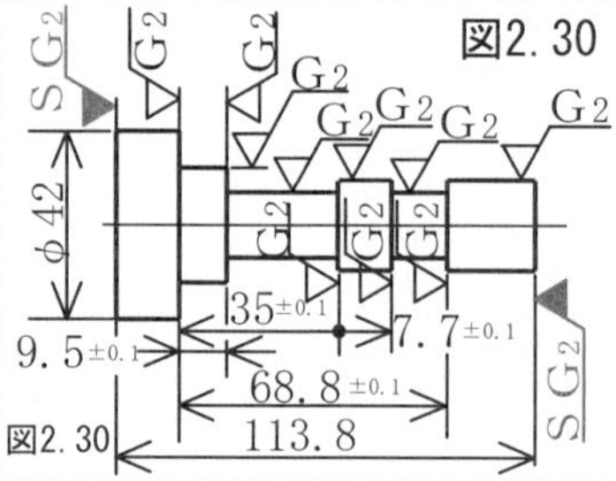 図2.30 SG2 G2 G2 G2 G2 G2 G2 G2 φ42 G2 G2 G2 35±0.1 7. 7±0.1 9. 5±0.1 68. 8±0.1 113. 8 SG2	間接測定法による軸方向寸法出しの測定基準面を確保する	(1983) S58. 5. 10 オーダーNo. 04-118-0 倣いマスター
③段付き・両側面	G1	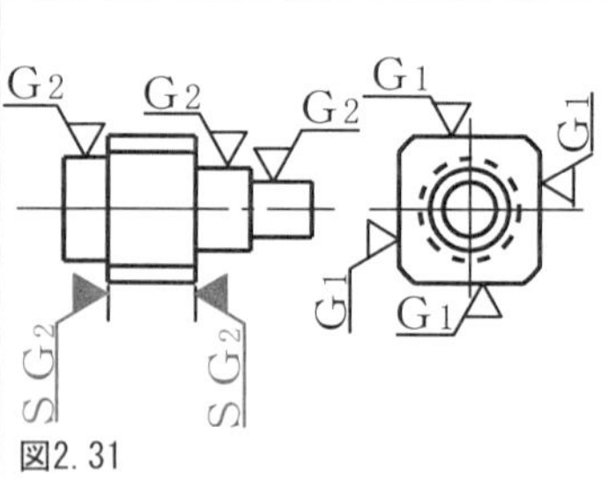 図2.31 G2 G2 G2 SG2 SG2 G1 G1 G1 G1	角ツバ平面研削加工の際の軸に対する平行度を得るための基準面(バイスの口金銜え部)を確保する	(1983) S58. 9. 30

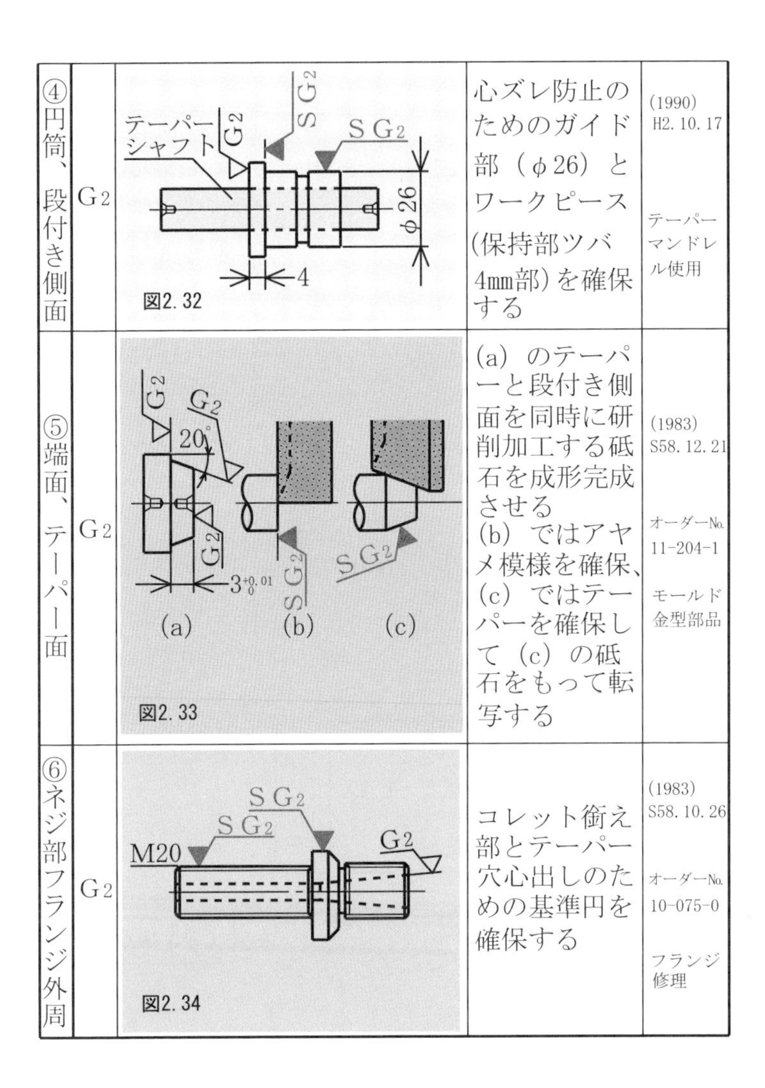

④円筒、段付き側面	G_2	テーパーシャフト G_2 SG_2 SG_2 $\phi 26$ 4 図2. 32	心ズレ防止のためのガイド部（φ26）とワークピース(保持部ツバ4mm部)を確保する	(1990) H2. 10. 17 テーパーマンドレル使用
⑤端面、テーパー面	G_2	G_2 G_2 20° G_2 $3^{+0.01}_{0}$ SG_2 SG_2 (a) (b) (c) 図2. 33	(a) のテーパーと段付き側面を同時に研削加工する砥石を成形完成させる (b) ではアヤメ模様を確保、(c) ではテーパーを確保して (c) の砥石をもって転写する	(1983) S58. 12. 21 オーダーNo. 11-204-1 モールド金型部品
⑥ネジ部フランジ外周	G_2	SG_2 SG_2 M20 G_2 図2. 34	コレット銜え部とテーパー穴心出しのための基準円を確保する	(1983) S58. 10. 26 オーダーNo. 10-075-0 フランジ修理

2.2 ステ研（広義の場合）の例

広義の意味でいうステ研は、金型・治工具・試作部品の研削加工に関する精度出しにおいて、必要不可欠な研削加工技能の一つである。しかし、その様な意義のあるものでありながら、このステ研削加工部分は、部品が仕上がり図面の仕様を満たしたときにはステ研跡が残らない場合が多い。ステ削りされた研削面は精度出しの過程の中で使われ、精度出し機能を果たした後は除去され、消し去られていく特性がある。

次に、精度出しのために行われたステ研の事例を示して行くことにしたい。

2.2.1 許容真円度を確保するためのステ研

下図 2.35 は、動圧軸受けに関わる固定軸である。

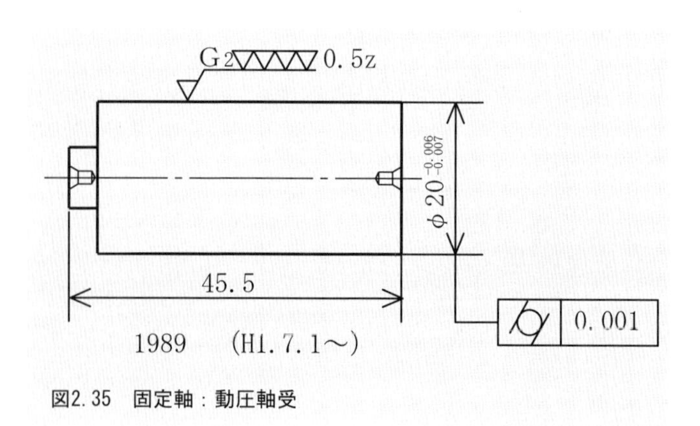

図2. 35　固定軸：動圧軸受

この様なトレランス1μmの許容寸法値内に仕上げるためには、1μm以下の真円度が確保出来ていなければならない。この寸法精度となれば、面粗さ精度もそれ相応に要求されることになる。更に言えば、寸法は真円度、面粗さ精度の両精度が確保されることにより成立するのである。

被削物は皮剥き作業に始まり、寸法出し研削加工に至って完成するものである。その過程の中で行われる目的・真円度出し作業は皮剥き研削加工にはじまり、次々に行われていく試し（粗）研削、平行出し研削、仕上げ試し研削､円筒度補正削り等は広義に類するステ研と考えている。

2.2.2 許容円筒度を確保するためのステ研

図2.35における円筒度は、1μmの要求精度である。円筒度出しは、三つの精度（真円度、面粗さ精度、寸法精度）が満たされることによって成立する。部品加工の精度出しに於ける上記三精度はそれぞれが補完関係にあり、各々がその役目を果たすことになる。従って円筒度出しに向け導引されるステ研の内容は、上述2.2.1が示す研削加工の他、最終寸法出しのための補助的な（補正削り作業）試し削りが必要となる場合がある。

2.2.3 同軸度を得るためのステ研

同軸度を許容値内に入れる例として、此処では図 2.36 を取り上げて述べてみたい。

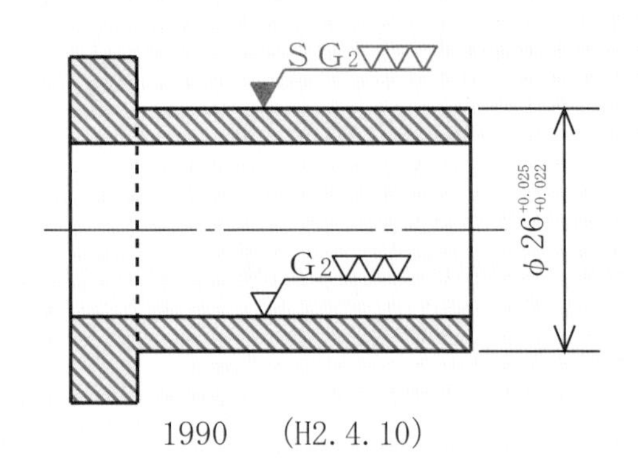

図2. 36 回転軸：動圧軸受のステ研寸法

図が示す薄肉パイプ形状のワークピースを高精度に内外研削加工する場合は、心金（テーパーシャフト形状の治具）と内面研削用（ワークの外筒を銜える）治具を使って内外面研削を行うことになる。

手順としては、まず図 2.37 の要領で仕上げ代を残して（仕上げ加工スタート点にあたるガイド寸法 $\phi\ 26^{+0.025}_{+0.022}$ に削っておく）ステ研（外研）を行う。これは内筒に対する同軸度と、最終仕上げ加工寸法精度が得られる加工代を含め、予め確保しておくという配慮である。

ワークが薄肉パイプ形状であるが故に生ずる加工上の変形特性を考慮し、加工熱による熱変形を最小限に押さえるための計らいでもある。外研要領（図 2.37）は、振れ精度の高いマンドレルを挿入・介在させて行う。

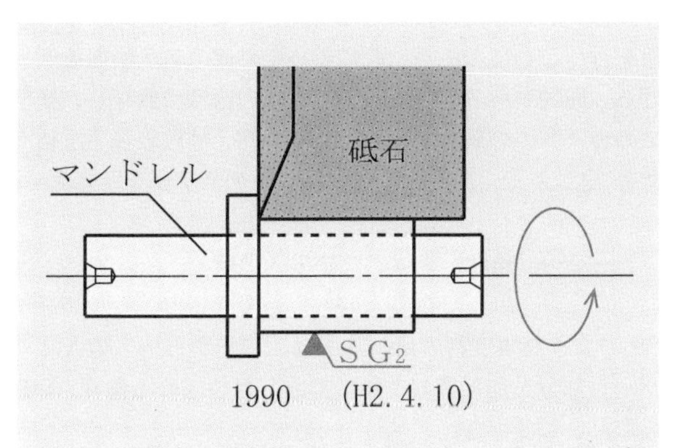

図2. 37　回転軸：動圧軸受のステ研寸法によるステ研の例

次いで行う穴の研削加工は、図 2.38 が示す内研治具（職場内通常業務で呼称している）にセットして行う。

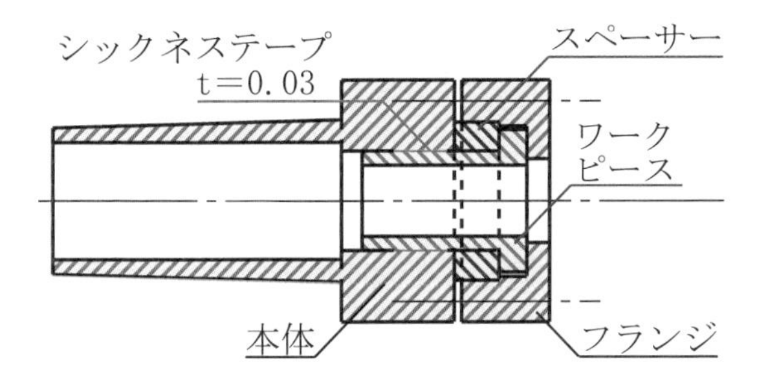

2. 38　内研治具図とワーク・セット図

内研の後は、加工したこの穴を基準にして（マンドレルを挿入して使用）外研を行うことになるが、既に行った外周のステ研面を削り落として仕上げる。同軸が得られる精度は、心金の精度に依存し、初期のワークピースのガイド部の研削作業は真円、円筒、寸法の各要求精度を満足させるため、2.2.2~2.2.3 で述べたそれぞれのステ研を踏まえて進める。

2.2.4 テーパー（角度）を得るためのステ研

図 2.39 のような角度物の研削加工は、ワークピースの MT（モールステーパー）部分を加工機の主軸に挿入し且つ求める角度（60°）が得られる段取りをして行う。

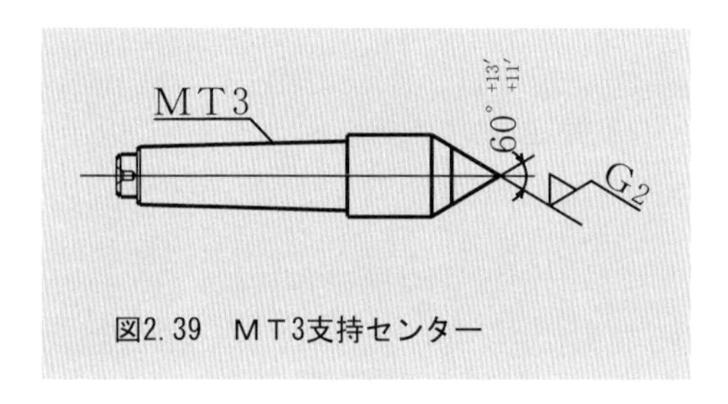

図2. 39　ＭＴ3支持センター

一般の角度物の加工は代替え物を用いて図 2.40 のように研削加工を入れ（行程を設定して）、図 2.41 の角度測定を入れつつ加工を進めて行く。例えば図 2.39 の 60°部のようなところは、代替物のステ研段取りをそのまま活用することによって得られる。

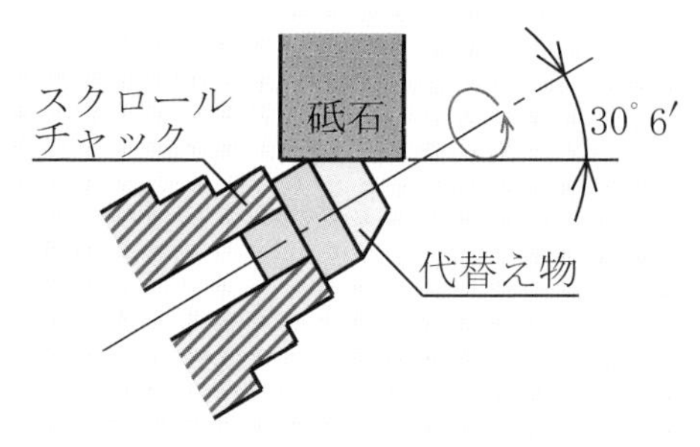

図2.40
代替え物による角度研削（ステ研）

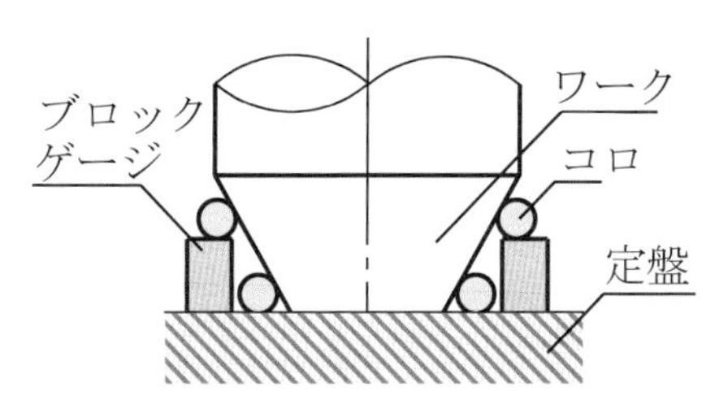

図2.41　角度測定段取り

2.2.5 表面粗さ精度に関するステ研

図 2.42 は表 2.10 の仕様に基づいて研削面粗さ精度を得ることを図示した例である。▽▽▽についてはプランジカット、▽▽▽▽についてはトラバースカットをそれぞれ試行を繰り返し面粗さ精度を求めていく例である。手法としてはドレッシング条件を変え、目的の仕上げ面粗度を得るというやり方であるから、面精度が得られるまで幾度かの試行を繰り返し行わなければならない。これらの条件出しに関わった研削加工はステ研に部類するものである。

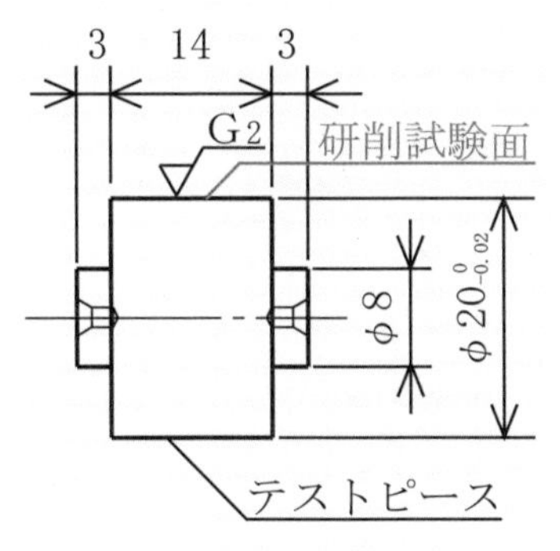

・ＳＵＳ420J2
・硬度：ＨＲc49～53

〔1990（H2）.12.16～
1991（H3）.1.11〕

図2.42　研削面粗度出し

表2.10　研削表面粗さ仕様

研削面粗さ	材料メーカー
▽▽▽▽(0.5z以下)	大同
▽▽▽▽(0.5z以下)	山陽
▽▽▽ (1.6s程度)	大同
▽▽▽ (1.6s程度)	山陽
▽▽▽ (6.3s程度)	大同
▽▽▽ (6.3s程度)	山陽

（錆テスト条件づくりの例より）

2.2.6 端面の平坦度（平面度）確保のためのステ研

図 2.43 並びに図 2.44 は、両センター作業における側面研削加工（砥石のエッジによる研削）と出来上がった断面形状と条痕（加工面模様）を示したものである。

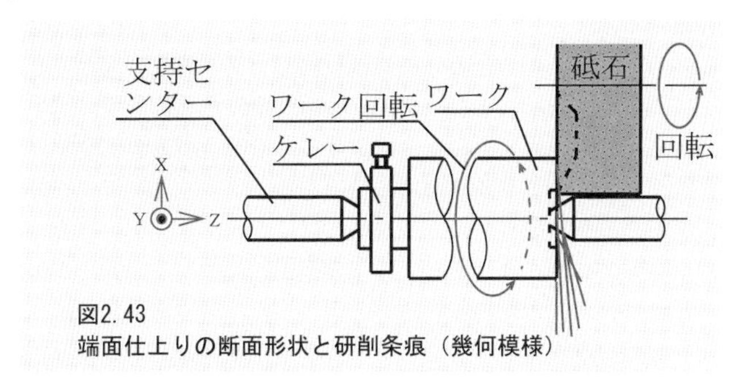

図2. 43
端面仕上りの断面形状と研削条痕（幾何模様）

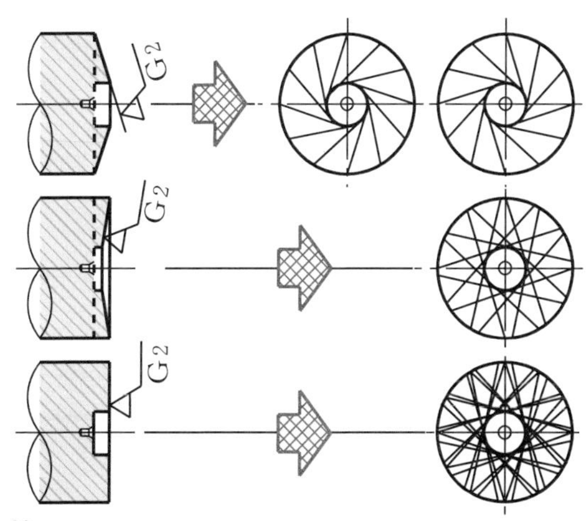

図2. 44
端面仕上りの断面形状と研削条痕（幾何模様）

仕上がりの端面は図 2.44 で示している三つのタイプ（凸面、凹面、平面）がある。この形状は図で示す条痕（研削加工面模様）で判断することが出来る。

図の例から端面の仕上がり具合によっては、軸方向（シャフトを例にとると長手方向）寸法に係る許容値寸法が得られない場合が出てくる事が読み取れる。

平面度の高い面を得るため一般には（両センター作業の場合）心押し台の心高調整（砥石軸心とワーク回転軸心を限り無く同高且つ水平に調整・維持される状態）することと、併せて十分なスパークアウト（研削火花が消える状態）させることが必要である。

通常、心高調整は心押し台・主軸台の底にシックネステープを差し込み、微小な傾きの高さ調整をして作業を技能的に行っている。水平が得られたか否かは側面研削加工を行い、削ってみてアヤメ条痕（出来がきめ細かいきれいなクロス模様であること）の出来具合を見極めなければならない。

目的とする平坦度が得られるに至るまでの試行研削加工はいわゆる広義のステ研に該当する。

2.3 ステ研の体系

ステ研について幾つかの事例を挙げてきたが、それを整理してみると以下に示す表 2.11 のようになる。

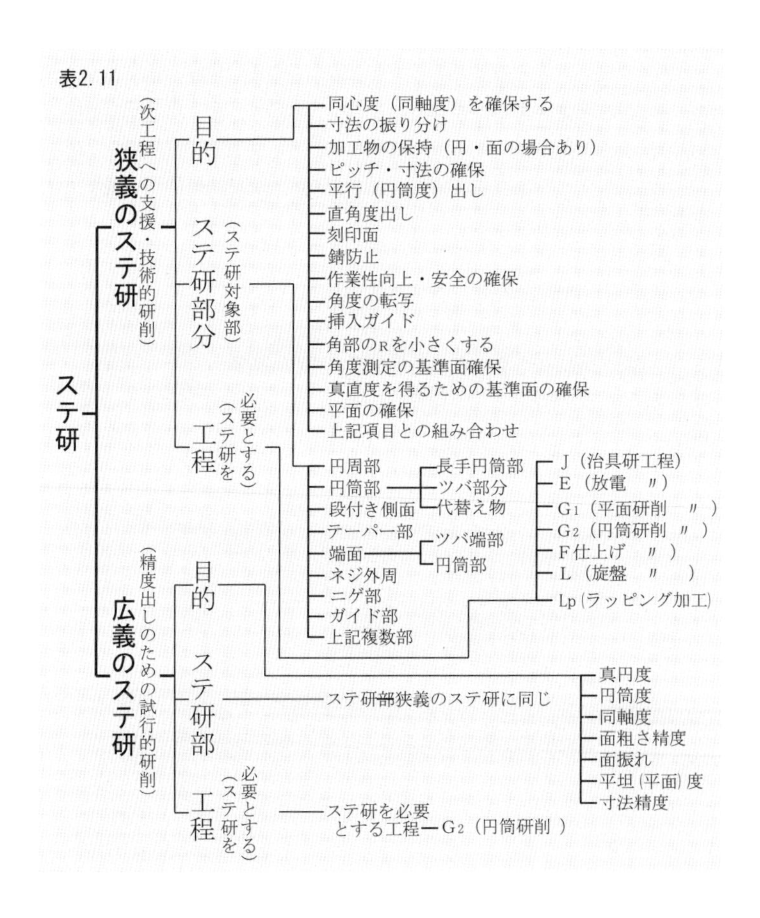

表2.11

第３章　ステ研を支えているスキルと研削の考え方

被加工物精度を確保するためには、幾度かのステ研を重ねることを繰り返し述べてきたので、ステ研とはどのようなものなのか、また削るということはどのようなことであるのか理解は得られたと思う。

研削加工を行う場合には何らかの段取りが伴う。高精度ものの作業となると、ラフ公差（許容値が粗い）オーダーの場合とはかなり趣を異にする。使用する機械の特性を生かすことは勿論のこと、併せて段取りの精度や培ってきた加工者の拘りのスキルによる機械操作が必要となる。そこのところをどのように実践してきたのか、段取りや加工法を以下に詳述していく。

3.1　基準円（許容真円度を有する）の作り込み

3.1.1　両センター作業における許容真円度の確保

図 3.1 は、両センター作業における研削加工のオーダーを受けた栓ゲージの例である。

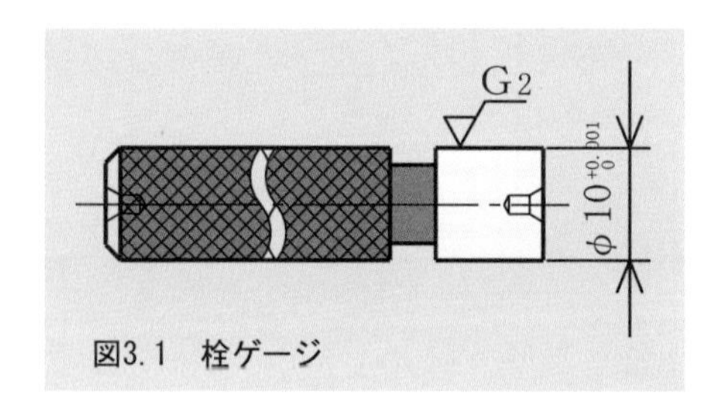

図3.1　栓ゲージ

トレランス 0.001 であることから、寸法そのものを考える前に、まず 1μm以下の真円度を確保するのだということを考えなければならない。こう考えると、高真円度の加工を阻害する要因を悉く除去したくなる。

例えば、図 3.2 のようにセンター穴に痕があっては真円度は得られないということを先ず念頭におかなければならない。両センター作業に於いて真円を得るためにはとりわけ良質の支持センターと良質のセンター穴の組み合わせが肝心である。

したがって、図 3.2 の場合はセンター穴研削を行う、あるいは図 3.3 のように端面を研削加工してセンター穴の痕部分を除去することを踏まえ、図 3.4 のようにセンター穴を改善することが望ましい。

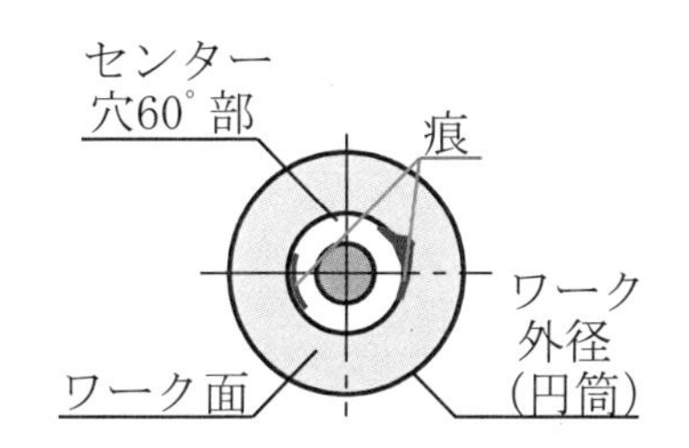

図3. 2センター穴（痕）

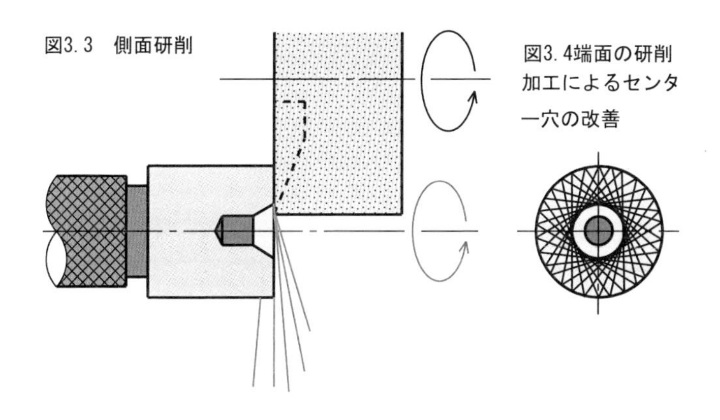

図3. 3　側面研削

図3. 4端面の研削加工によるセンタ一穴の改善

3.1.2 両センター作業におけるパイプ物加工の高真円度確保

パイプ物は、テーパーマンドレルを使って図3.5のように研削加工されることが多い。テーパーマンドレルの真円度は良く作り込まれているが、パイプ物の内筒の真円度は歪んでいることが多い。そのため治具（テーパーマンドレル）に無意識に挿入しようものなら、ワークが変形することにより許容真円度が得られない（加工後治具からワークを外すと、ワークがスプリングバックする）という問題を起こしてしまう。

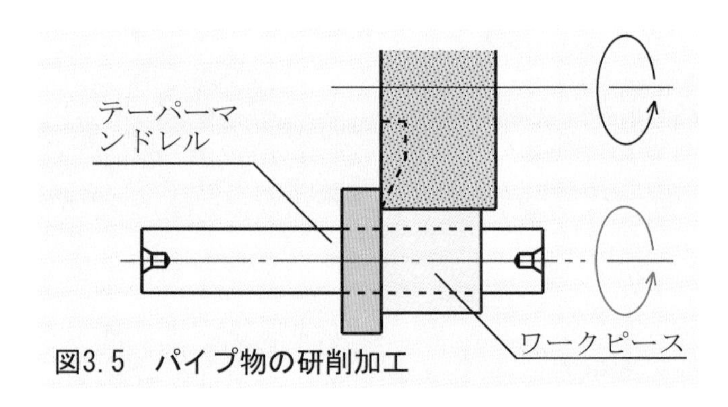

図3.5　パイプ物の研削加工

ワークピースを挿入する際には、ワークピースを無理に押し込まないで、研削抵抗を受けて空回りしない程度に固定することを念頭に入れ、技能的に治具にフィットさせることが肝要である。特に薄肉のワークピースの加工となると、マンドレルに固定する方法を工夫・研究しておく必要がある。その一つのやり方として、図3.6が示しているようにマンドレルを回転させマジックインクを塗布（膜厚3~5㎛程度）し、マンドレルを加工機から取り外し、図3.7のようにワークピースへの挿入作業を行い、ワークを固定する方法がある。

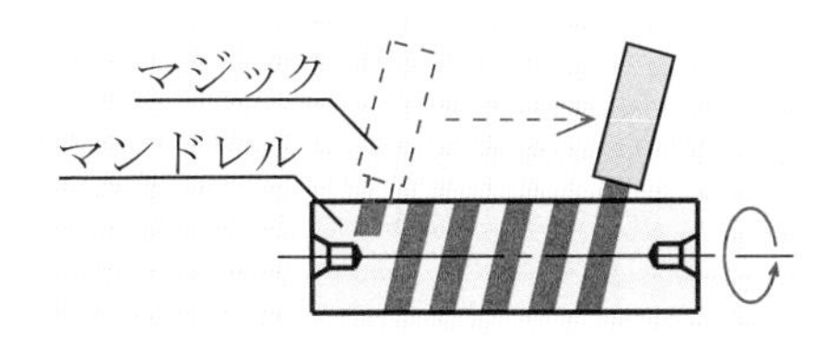

図3.6　マジック塗布状態

挿入要領としてはワークピースを回転させないで静かに押し込むコツ(骨)が必要である(研削抵抗によりワークピースが回されない程度の保持圧を技能的に感知して固定する固有技術)。マンドレルからワークピースを抜いてみると、ワークピースの内筒は図3.8のように、またマンドレルは図3.9のようにマジックインク模様が示している様にフイットしていることが判る。

内研された一般的なパイプ物であれば、この方法で比較的高い真円度の円筒が得られる。とはいえ、近年は更に高精度のオーダーが出てきている現状にあり、場合によっては加工する前に予めワーク変形の有無を

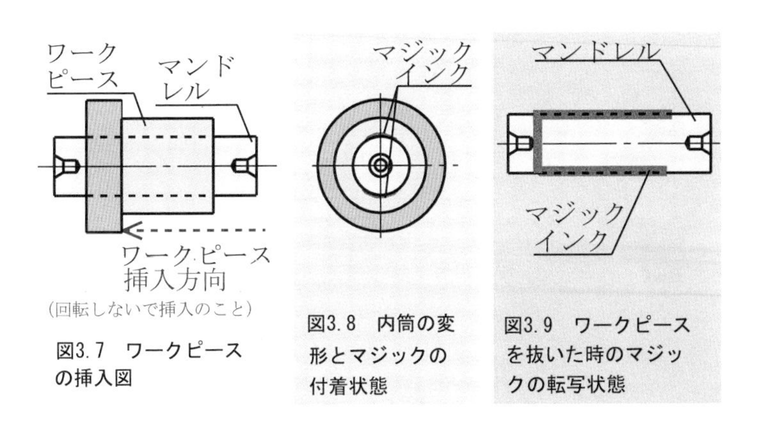

図3.7　ワークピースの挿入図

図3.8　内筒の変形とマジックの付着状態

図3.9　ワークピースを抜いた時のマジックの転写状態

確認しておく必要が出てくる。

治具への挿入前にはワークピースの特定部分をマークして直径の測定をしておき、挿入後同位置の所をもう一度測定して変形が認められないことを確認すると良い。ここまで慎重に吟味すれば変形の有無はもとより、許容値内の変形であることが判り、良品になる確率が高い真円度が確保出来る。

3.1.3 チャック作業における真円度の確保

三方締めチャック作業は心出し作業が容易なことから数物の研削加工に用いられる。図3.10、図3.11はスクロールチャックやコレットチャックの主な作業例である。これらの両チャックは、機能的にはワークピースの保持と心出しを同時に行うことができる特性を持っている。この特性を上手く利用出来る場合にチャック作業が成り立つのである。許容精度の甘い数物には特に有効なやり方になる。

しかし、真円度の確保ということに限定して考えた場合、パイプ形状のワークピースの場合等は、無条件では受け入れがたい。パイプ形状の物については、特にチャック締め付けによる変形が伴うと同時に加工後

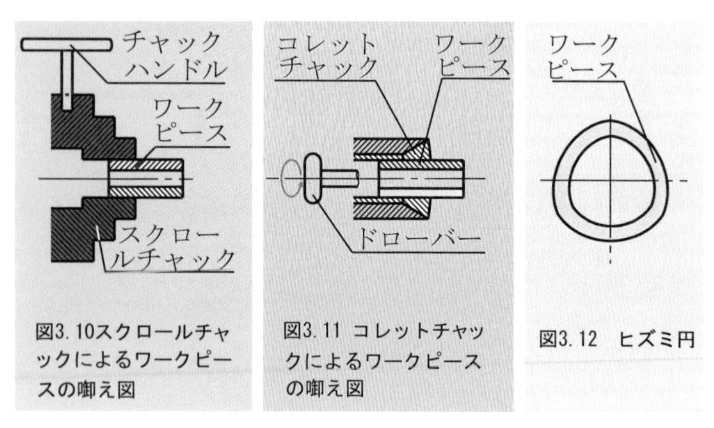

図3.10スクロールチャックによるワークピースの咥え図

図3.11 コレットチャックによるワークピースの咥え図

図3.12 ヒズミ円

に行うチャック取り外しの際に起こるスプリングバック現象により不具合が発生することがあり、異形物が出来上がってしまう可能性が高い。オムスビ形状(図3.12が示す等形ヒズミ円はこの例)になることが多い。

スクロールチャックについては､チャックハンドルの締め付け､コレットチャックについてはドローバー（加工機付属のチャック固定や爪の締め付け装置）の締め付けに一工夫が必要である。ドローバーの締め付け

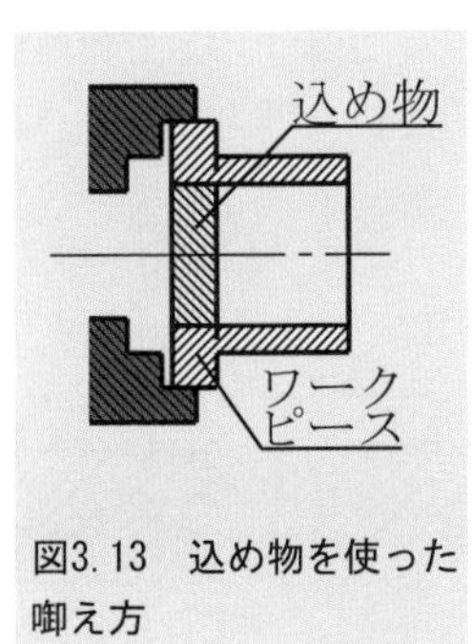

図3. 13　込め物を使った啣え方

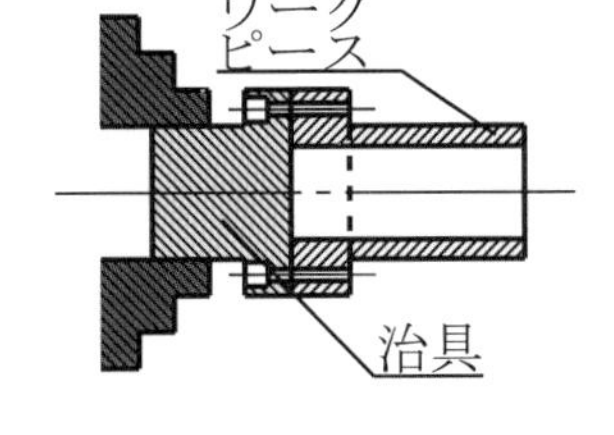

図3. 14　治具に取り付けての啣え方

位置関係をマークして締付操作するのも有効な方策である。また、図3.13のように込め物を用いて変形を避けるとか、図3.14のように治具に取り付けてチャックする方法等も許容真円度の作り込みには有効である。

3.2　基準円筒度の作り込み

3.2.1　内外研における円筒精度の確保

真円の精度は段取りが吟味されれば機械の精度が転写され、それなりの精度が得られる。しかし､円筒度となると若干のスキルが必要となる。

通常、円筒度の精度出しは加工された円筒 XY 両方向の寸法測定とテーパー修正研削加工を繰り返して行う。出来上がった円筒物を測定して総体的に評価してみると、形状が図 3.15、図 3.16 のようにバラエティーに富んでいる。

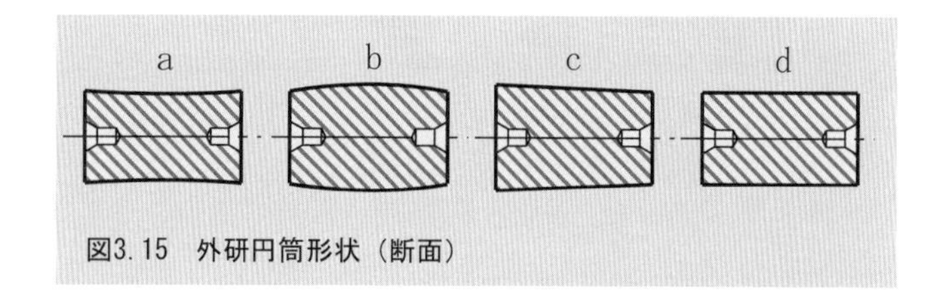

図3. 15　外研円筒形状（断面）

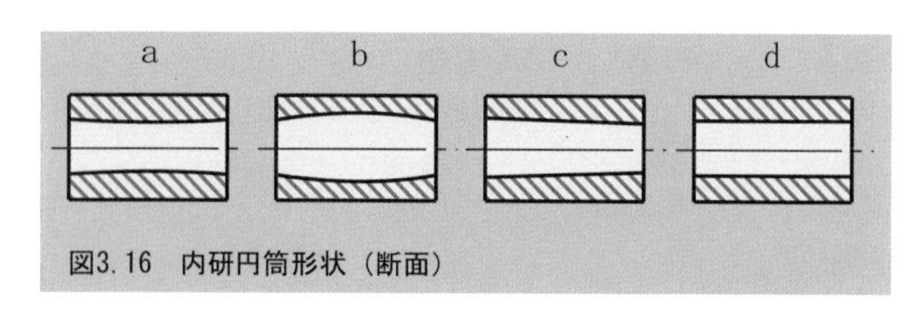

図3. 16　内研円筒形状（断面）

円筒度確保の一般的方策としては、図 3.15-c、図 3.1.6-c についてはテーブルを旋回してテーパー修正研削を行うが、図 3.15-a-b や図 3.16-a-b の鼓や太鼓に対しては、砥石のオーバーラン（ワーク端から砥石を砥石幅の 1/3~2/5 程度はみ出させる）調整方式が取られる。

しかし、被削物の形状は多様であり、通り一遍のやり方では難しい。長尺物、薄肉パイプ、センター穴不良とあっては円筒度出しに苦慮する最たるものである。図 3.17 のように研削加工中に砥石作用面の形状が変わったり、トラバース研削の場合には砥石の位置変移や、ワークピースの回転むら等により、研削中にワークに係る応力の分布が変わるから、円筒度は一様の品質には作り込めない。

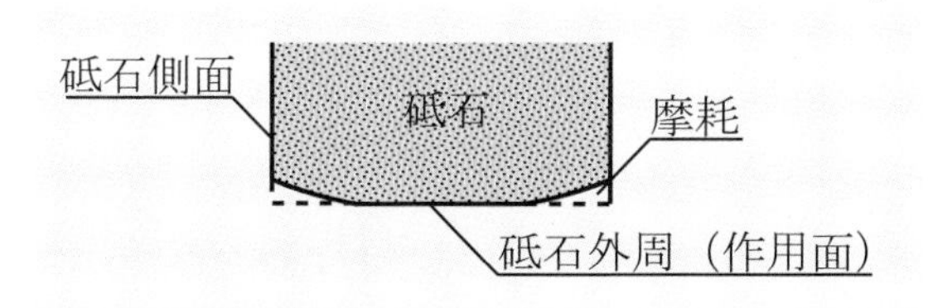

図3.17　砥石の摩耗

この様なときにはドレッシングを行うことにより砥石作用面の切れ味を良くしたり、部分削りを余儀無くされたりすることになる。その際には、寸法測定を重ねつつ、凸部分のみを削り落とす方法で対応することになる。その他図 3.19 のようにテーパー修正を加え対応する方法、テーパー修正を行わず図 3.18 が示すように少量ずつ削り込む方法等がある。チャック作業、両センター、内外研作業ともに考え方はほぼ大同小異である。

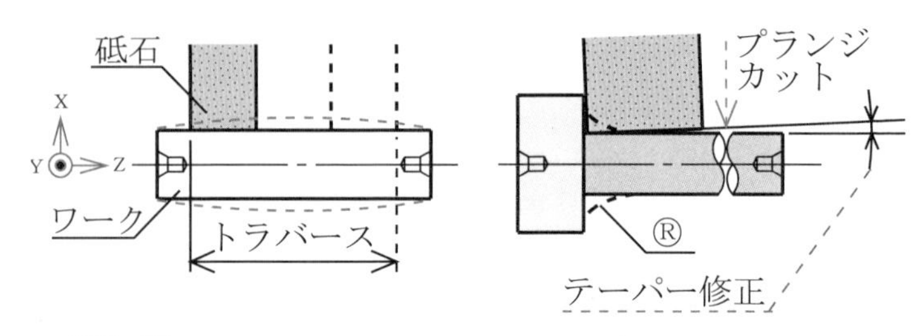

図3. 18

太鼓部をストレートに修正する要領図

図3. 19　円筒部隅角R部を削り、極力Rを小さくする（Ⓡ狙い）、の修正要領図

3.2.2　寸法精度の確保

高い精度の円筒を作り込むためには、先ず円筒外周の削り込みを行い、両端あるいは複数の部分の直径を測り、この測定値に基づいて、削り具合を修正し、寸法出しに迫っていく。高い精度の寸法出しを行う際には、許容値内に治まっている間はやり方は変えない考え方を堅持して対応している。主な項目としては、

①機械の切り込み特性の把握とその特性の活用

②測定器の特性の把握とその特性の活用

③温度差の把握と測定値補正の技術等がある。

これら三つの項目を体得し有機的に活用出来るようになると、かなりの高い水準で技能的に測定作業をすることができ、結果として高い精度の円筒製品を作り込むことが出来る。この件については、著者の既刊本『円筒研削盤作業（2021.5.31 刊）』の随所に紹介している。

3.3　テーパー精度の作り込み

テーパー研削加工に要求される精度は、角度の正確さにある。加工されるテーパー部分はパーツの一部分であると同時に嵌め合い相手のパーツ部分との関係がある。したがって、寸法精度、現合精度、振れ精度等を併せもって要求されることになる。

一方、角度の作り込みは砥石作用面と旋回テーブルの旋回角度や砥石台の旋回角度、主軸台の旋回角度、はたまたこれら角度の組み合わせで作られた角度段取りの精度を被削物に転写する作業である。やり方は複雑多岐に及んでいる。テーパー精度の作り込みについても円筒度創製を紹介した１冊目を参照していただきたい。

3.4.1　両センター作業による同軸度の確保

一般的には図3.20のような両センター作業では何のためらいなく同軸度が得られると考えられている。ラフな許容値の場合はそのとおりと言っても差し支えない。

しかし、要求される厳しい公差（形状・材質にもよるが、5μm以下と考えたい）となると一寸事情が違ってくる。例えば、被削物の形状や、サイズ、材質等が多岐に亘っており、棒材、パイプ材、小径もの、大径もの、長柱且つ軟質材・硬質材といった被削材に対応しなければならないので、単純な考え方では解を得ることは難しい。

長柱かつ段付き物の研削加工の場合、研削時に加工部分の位置により、応力の分布状態が変わるから、削れ方にバラツキが生じてくる。その上、研削による皮剥き、そして余肉削り等の加工熱で歪みが生じ、出来上がった品物の同軸度は不本意なものになる。

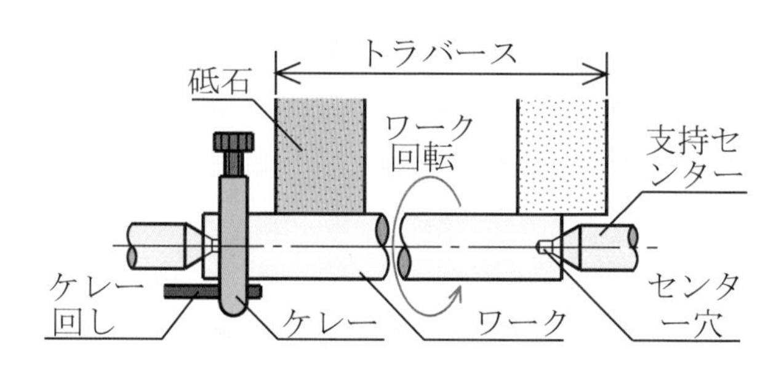

図3.20　両センター作業概略図

また、パイプ物に至っては薄肉物の例が多く、そのため皮剥き研削熱等により変形したり、治具に係る取り付け取り外しによるスプリングバックの変形や心金の心ズレ（同軸度不良）等により許容同軸度が得られないことがある。

同軸度の許容精度を確保するためには、ワークピースの形状、センター穴の性状、加工熱の蓄積、研削応力分布の変化、治具の特性、加工手順、加工条件等の諸項目を含め、総合的に状況判断して、細心の配慮を行うことが大切である。この件については、著書第２作『円筒研削盤両センター作業の円周振れ精度の作り込み（2022.3.30)』の中で詳述している。

3.4.2 チャック作業による場合の同軸度の確保

此処では、研削加工以前の段取りについて述べることにする。加工時に生ずる諸問題については、3.4.1 のところで記述しているので参照されるとよい。図 3.21 はスクロールチャックで許容値を満たす心出し（ワークピースの元と先端部振れ 1μm）が完了した場合の例を示している。この様に心が出れば次の作業・内外研作業に移れる。

しかし、同軸度の許容精度が高い場合は、ワンチャックで心が出せない場合があるから、図 3.22 が示す手順で心出し作業を行わなければならない。

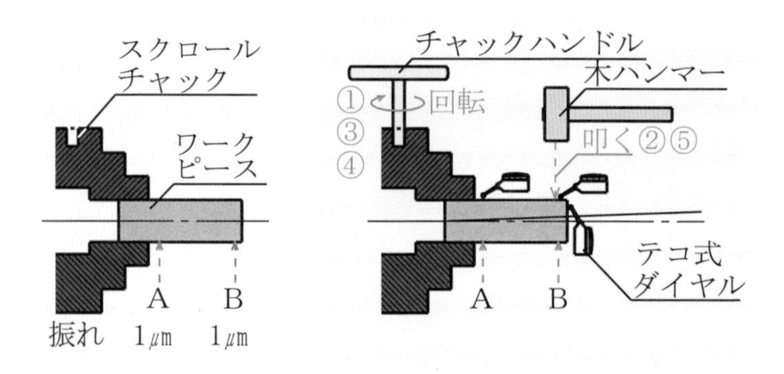

図3.21　心出し完了図　　　図3.22　心出し要領図

まず、①ワークピース爪に挿入し、チャックハンドルで軽く締める。次に②端面にテコ式ダイヤルのプローブを接触させ、面振れを直す（短尺で大径の場合、振れ値最小のとき、図のようにB部を叩く）。③チャックの増し締めをする。④ A 部分の心出しをする（A 部外周振れの最大値に対応するチャックを増し締めする）。⑤ B 部の心出しをする（B 部外周の振れ最大値に対応するワークピース先端部を叩く）。⑥上記④⑤を繰り返す。求めようとする振れ値が得られれば完了する。

以上、スクロールチャックの心出し要領を示したが、四方締めチャックの場合も同様である。ただし、コレットチャックの場合は若干異なる。ドローバーの締め付け力によって、取り付けられたワークピースの円周振れは変わるから、ワークピース元部外周の振れをテコ式ダイヤルで測りながらドローバーのハンドルを、漸次微小の増し締めしていく方法をとる。

ワークピースの先端部外周振れ取りは、スクロールチャックの場合と同様に円周振れの高い部分を叩く（ショックを与える）ことによって行う。叩く工具は銅棒のような物がよい。

チャック作業上注意すべきことは、締め付け過ぎによる変形を出さないことである。研削加工によるワークピースの偏心や変移が起こらない程度に締め付け出来れば十分である。

3.4.3　振れ止めによる同軸度の確保

同軸度を得るための作業のもう一つに、振れ止めによる段取りがある。一方をチャックに啣え、片方を振れ止め（図 3.23）で支持してワークピースの心出しを行う場合である。長柱物や異形物の研削加工に用いられることが多い。比較的特殊な作業であるから一例を挙げておきたい。

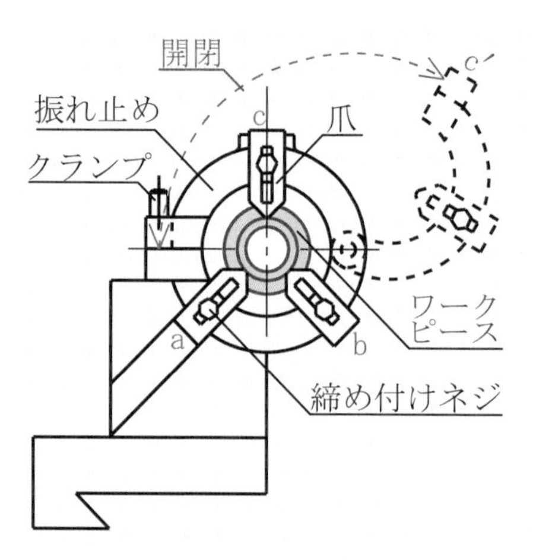

図3. 23 振れ止めとワーク取り付け

図 3.24 は某機械メーカーの治具研（機械仕様の一部である Spindle の軸受け概略図である。加工精度は真円度 1㎛、円筒度 1㎛、仕上げ面粗さ精度 0.8s である。此処で念頭に置きたいことは、要求精度確保上、φ 84 とφ 65.1 は、同軸にしておく必要があるということである。

振れ止めの段取りが完了するまでは次のような手順を踏んで行われる。

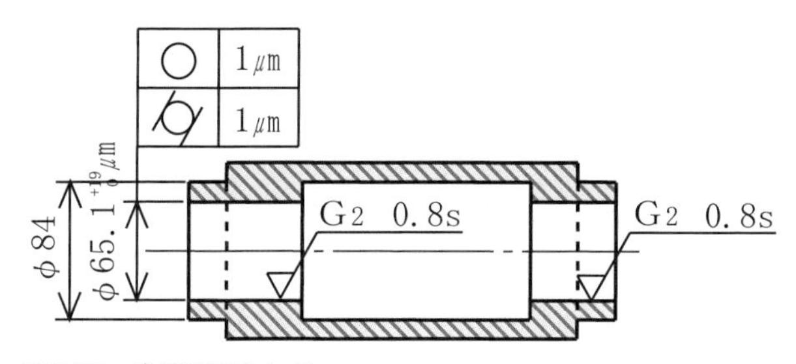

図3.24　治具研用Spindle

①ピン製作（図 3.25）—ピンは研削加工を行い、スライド挿入、接着のこと（ピンのセンター穴とワークピース外径の同軸度を確保し、且つ変形を起こさない対策の一つである）。

②両センター作業によるφ 84 部（図 3.26）ステ研（真円度確保）。

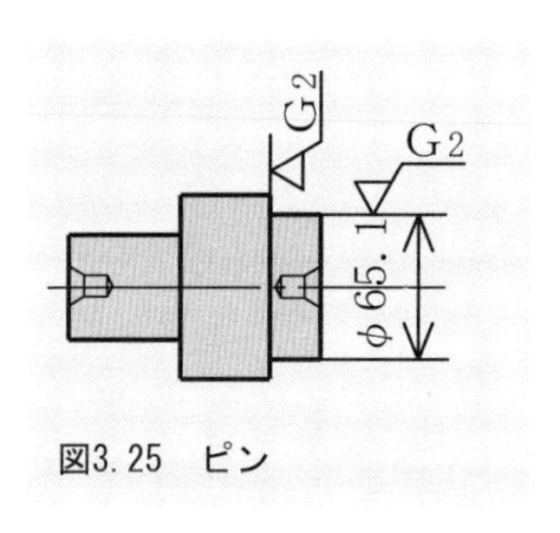

図3.25　ピン

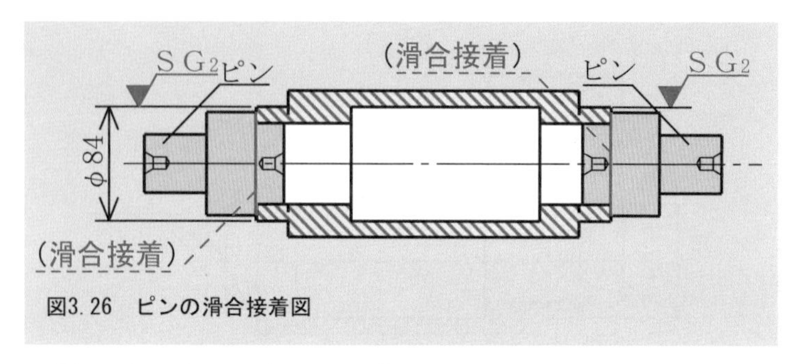

図3. 26　ピンの滑合接着図

③振れ止め（図 3.23）をテーブル上にセットする。
④心出し。
1）スクロールチャックに銜える（図 3.27）。
2）A 部分の心を出す。
3）B 部分の心出し―振れの最大値を示す部分を黄銅棒で叩く。
4）A、B 部分の心を確認する。

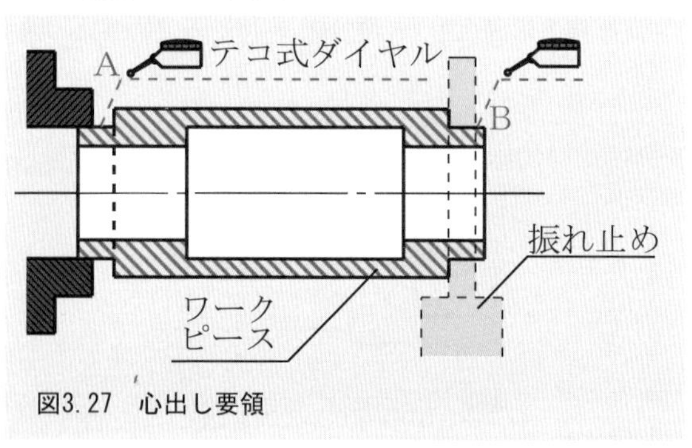

図3. 27　心出し要領

⑤心出し（No. 2）。
1）ワークピースの片側を振れ止めにセットする（図 3.27）。
2）振れ止めの爪（下の 2 本）を斜め上方に移動し軽くワークに当てネジをロックする。
3）図 3.27 の段取りにおいて、チャック爪に対する B 部外周の振れを読む（振れ値は三つにランク付けられる）。

4）振れ値の最も高い処と、2番目に高い処を図3.23上のa、bに併せる。

5）ダイヤルを見ながら微量ずつ、a、bの爪元部を叩いて（銅棒でショックを与える）ワークを上方に押し上げる（心の高い方から叩いていく）。

6）チャック側の心を確認する。心が狂っているときは上記④ 2)の要領を繰り返す。

7）図3.27のA、B部外周の心を確認する（締め直して出した心であれば、ベターである。これは段取りレベルを上げる上で重要なことであるが見逃し安い。上記5）無理な心出しが行われ、ワークピース内部に応力が蓄積されていると考えられる事から、この内部応力を除去することが大切な事なのである）。

8）振れ止めの上蓋を被せ軽く爪をワークピース上に接触させる。

9）最終の振れ精度をA並びにB外周を確認する。

以上、振れ止めによる同軸精度出しの手順を示したが、研削加工中でもこの状態を維持することが必要である。研削加工中はワークピースと爪の接点に十分な点滴給油を続けることと、加工の中間点で振れ無きことをチェック確認することが望ましい。

3.5　端面並びに側面の直角度、平面度の作り込み

端面並びに側面の研削加工は、直角度（面振れ精度として代替えできる）と平面度（平坦度）が同時に併せ作り込まれれば目的は一応達成したことになる。

しかし、実際はそう簡単に品質が得られるという実状にはなっていない。a. 精度が同時に作り込まれる場合、b. どちらか一方の精度のみが得られる場合、c. 両精度共に満たされない場合とがあり、実際は複雑である。

出来栄えは様々ではあるが、出来栄えの模様（研削加工条痕）を層別してみると、大方図 3.28 が示す形になっている。

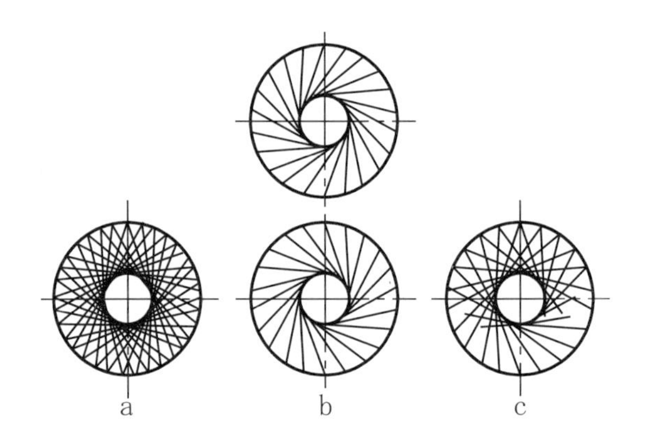

図3.28　カップ形砥石による側面研削模様（条痕）の例

3.5.1　端面直角度の確保

端面の直角度を語り、また、理解しようとするとき、直径法と半径法がある。半径法として捉える場合は、まず図 3.29-a.b. を念頭において段付き面または端面の振れ値の 1/2 が直角度であるということを認識

しておく必要がある（円物加工の場合）。

円筒研削作業においては両センターによる場合とチャックによる場合とがあるが、数は少ないものの、双方に仕上り具合の悪い物が発生している。端面研削の目的の一つには仕上がり面が直角度許容値を満たすことにあるから、研削加工後は直角度の出来具合を意識して、側面・端面の振れを測定する必要がある。

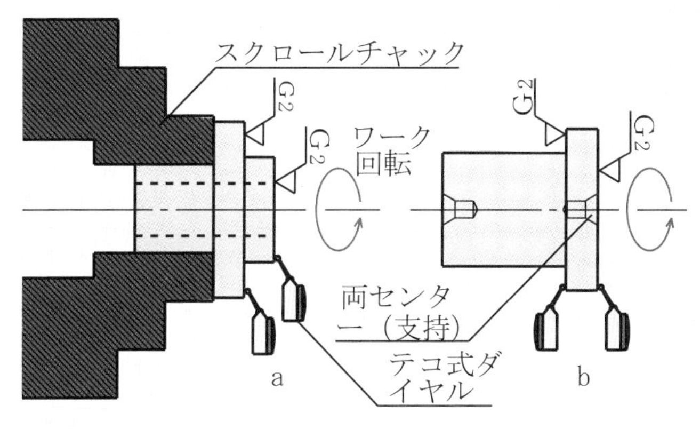

図3. 29　端面、側面の振れ測定例

問題となるのは直角度が得られない場合である。不具合が発生する主要因は、研削前のワークピース形状の悪さと加工段取りにあることが多い。チャック作業ではチャックの仕方（緩み、薄物の締め過ぎ）の不適切さ、両センター作業においてはセンター穴の不良の例が顕著である。両センター作業における側面研削では図 3.28-a~c の条痕となって現れる。b、c の模様は直角度が得られていないことを代弁している。

もう一つの直角度不良発生の形態としては、硬質材にして且つ面性状の悪いワークピースの場合にその例を上げることが出来る。この場合、研削加工条件が応じ切れない状態になると直角度は思うようには作り込めなくなる。端面、側面（段付き）の直角度は、この様な不具合を排除することによって作り込まれていくのである。

3.5.2 端面の平面度（平坦度）の確保

端面並びに側面の被削面形状は砥石作用面の形状と段取り（心高の調整）により出来上りは様々である。

巨視的にみると、被削面は平面として捉えることができるが1μm以下のレベルで捉えると、図3.30（10）～（15）の様な断面（誇張して示している）になる。(1)（2）の砥石作用面を使って研削加工すると（4）～（6）の段取りを介して断面は（10）～（12）が得られる。また、その模様は（16）～（18）となる。スクラッチが発生する位置と方向に注意しなければならない。はたまた（3）のようなカップ形の砥石を使うと、段取り（7）～（9）を介在して被削物断面形状（13）～（15）になり、且つ面の模様は（19）～（21）のように創製される。(5）あるいは（8）の段取りによれば砥石作用面の違いがあっても、ほぼ平面が得られる。

被研削面の平面度の測定は、面にストレートエッジを当てて光の漏れを観る（1μm以下は光を通さないとするのが一応の目安）簡便法を用いるとか、比較測定値に基づく作図、ないしは形状測定器による形状測定などで求めることになる。

カップ形砥石による平面出しの場合は、表3.1が示しているとおり、断面形状とそれに対応する模様（研削条痕）が一目瞭然であることから、段取り（心高）をどのように調整したらよいのかは、順次進めていく段取り修正過程の中で出来上がっていく研削模様をその目安にすることができる。注意すべきは、硬質材質の場合である。研削能力が及ばず（鋭利になっていない砥石エッジ、振れが生じている砥石側面、エッジの摩耗・目詰まり、切り込み・切り上げのバラツキ等の研削加工条件の悪さや確認・修正なしで無頓着に行っている作業）、前工程の加工面に倣ってしまい、平面が得られない場合がある。

平面は求めようとする精度の許容値を満たすべく加工条件が具備されていることによってのみ得られるものである。

端面に関わる側面研削加工については、既刊の『円筒研削盤作業』の アヤメ模様（研削条痕）創製（2021.5.31)」のところで詳述している。

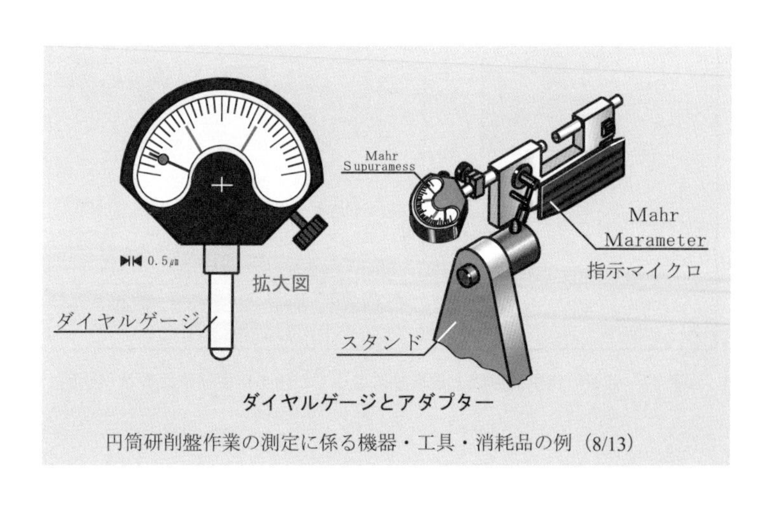

ダイヤルゲージとアダプター

円筒研削盤作業の測定に係る機器・工具・消耗品の例（8/13）

表3.1

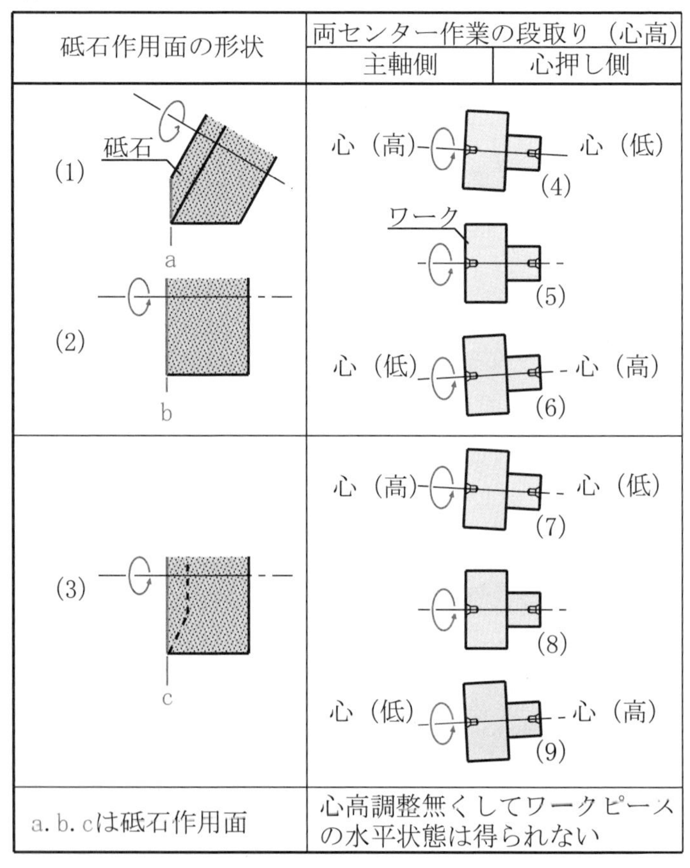

図3.30　砥石の作用面形状と段取りによってできる側面研削面性状（断面

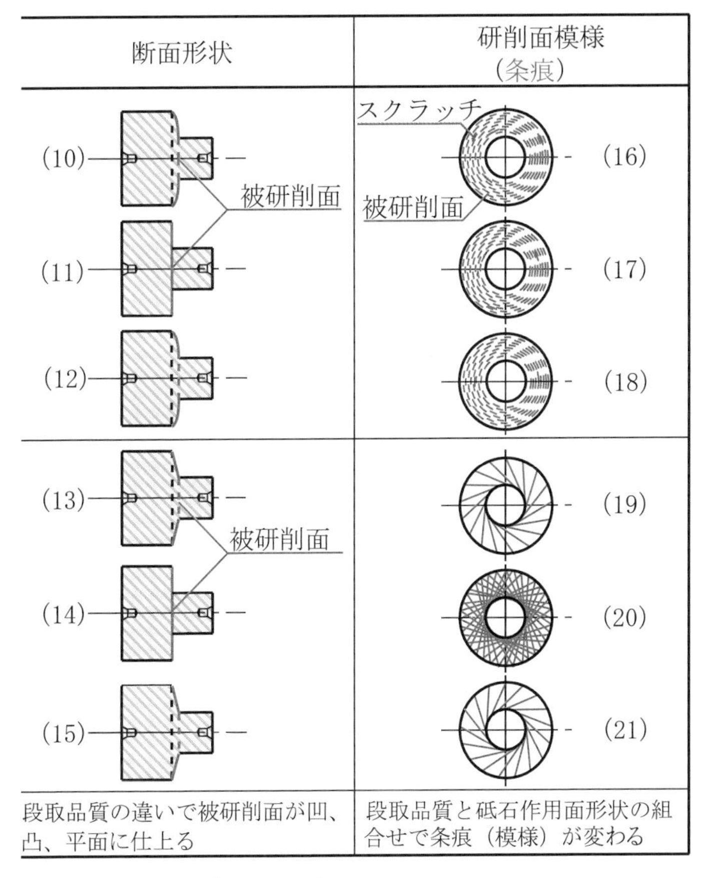

形状と条痕・被削面模様）の関係

3.6　仕上げ面粗さの作り込み

図 3.31 並びに図 3.32 は▽記号と面粗さの最大値を併記し、仕上げ面粗さ精度が要求された加工部品の例である。

近年は、▽記号と面粗さの最大値表示を併記した図面が多くなってきた。仕上げ面そのもののニーズが高まったからに他ならない。

従来、▽▽▽は、1.5~6.5s であるという大きな幅で表面粗さを捉えてきた経緯があるので、加工者としてはそれほど神経を使うことはして来なかった。今後は、この考えから脱してシビアな考えに立たなければならない。ここに仕上げ面粗さの作り込みという文言を強く意識するに至った。

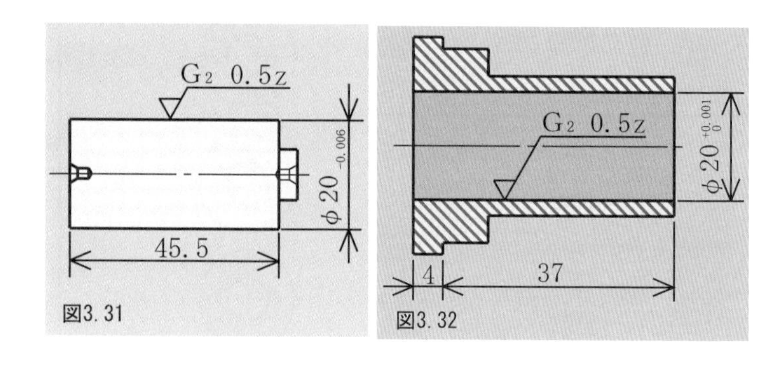

図3. 31　図3. 32

3.6.1 仕上げ面粗さの確保

仕上げ面粗さを得る方法としては、幾とおりかの方法がある。基本的には、砥石作用面の粗さをどのように作り、ワークピース表面にどのように転写するかに尽きる。これまでに行ってきたやり方としては、一般的に行われている砥粒粒度の特性を活用する方法と、ドレッシング送りスピード（㎜ / 砥石 rev.）を生かして、砥石作用面を作る二つの方法を試行してきた。

仕上げ面粗さ▽▽▽については #60~80 の砥石、▽▽▽▽については #320 の砥石を用い、更にそれぞれの砥石にドレッシング送りスピードを組み合わせて砥石作用面を作り、試し削りを繰り返し、目的の仕上げ面を得てきた。ドレッシングは図 3.33 並びに図 3.34 のドレッサーと取り付け角度を組み合わせ、且つ、ドレッシングスピードを調整し、通常 ϕ 0.01~ ϕ 0.02 切り込みにて行ってきた。要求仕様を満たす仕上げ面を得てきたということは、上述の各条件項目を組み合わせ、繰り返しの作業を経て模索（ドレッシング条件の把握と研削試行）してきたということである。

次に、結果として作り上げられた仕上げ面創製の例を示す。

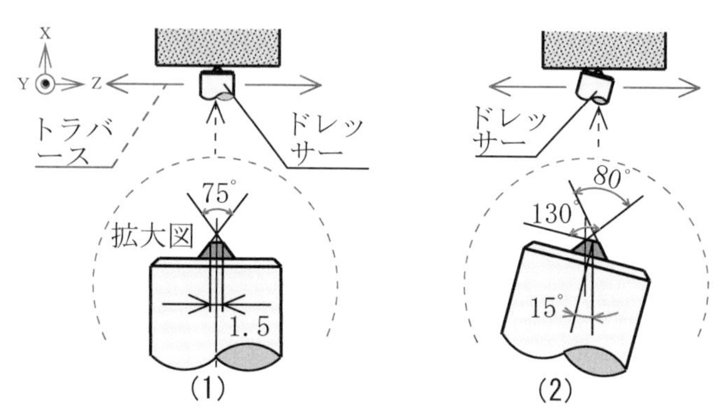

図3.33　ドレッサー取り付け段取りと砥石の位置関係

3.6.2　常用ドレッサー（先端が摩耗しているドレッサー：図 3.36）とドレッシングならびに研削加工条件の組み合わせによる仕上げ面粗さ確保の例）

面粗度は、ドレッサーが同一の物であっても、表 3.2 が示しているとおり、ドレッシング送りスピード、並びに他の条件を変えることによって、要求仕上げ面に近い精度を得ることが出来るということである。

3.6.3 鋭い先端を有するドレッサー（図 37）と諸研削加工条件の組み合わせによる仕上げ面粗さ確保の例

表3.2

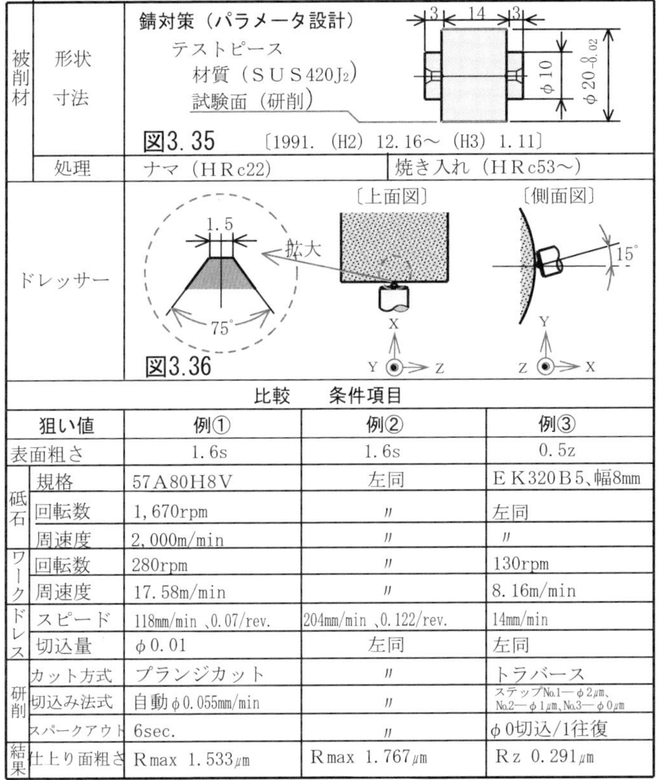

被削材	形状 寸法	錆対策（パラメータ設計） テストピース 材質（SUS420J2） 試験面（研削） 図3.35 〔1991.（H2）12.16～（H3）1.11〕		
	処理	ナマ（HRc22）	焼き入れ（HRc53～）	
ドレッサー		図3.36		
比較 条件項目				
狙い値		例①	例②	例③
表面粗さ		1.6s	1.6s	0.5z
砥石	規格	57A80H8V	左同	EK320B5、幅8mm
	回転数	1,670rpm	〃	左同
	周速度	2,000m/min	〃	〃
ワーク	回転数	280rpm	〃	130rpm
	周速度	17.58m/min	〃	8.16m/min
ドレス	スピード	118mm/min 、0.07/rev.	204mm/min 、0.122/rev.	14mm/min
	切込量	φ0.01	左同	左同
研削	カット方式	プランジカット	〃	トラバース
	切込み法式	自動φ0.055mm/min	〃	ステップNo.1―φ2μm、No.2―φ1μm、No.3―φ0μm
	スパークアウト	6sec.	〃	φ0切込/1往復
結果	仕上り面粗さ	Rmax 1.533μm	Rmax 1.767μm	Rz 0.291μm

※ 表面粗さ計：（Sufcorder-SEF-30D Kosaka Lad Ltd.）
※ 測定 ：1991（H3）.1.10.～11. ※ 測定者：古積友彦氏

表3.3

比較 条件項目		例①	例②	例③	例④	例⑤
被削材	形状寸法	図3.35と同じ				
被削材	処理	焼入（HRc 53~)	左同	左同	左同	左同
ドレッサー		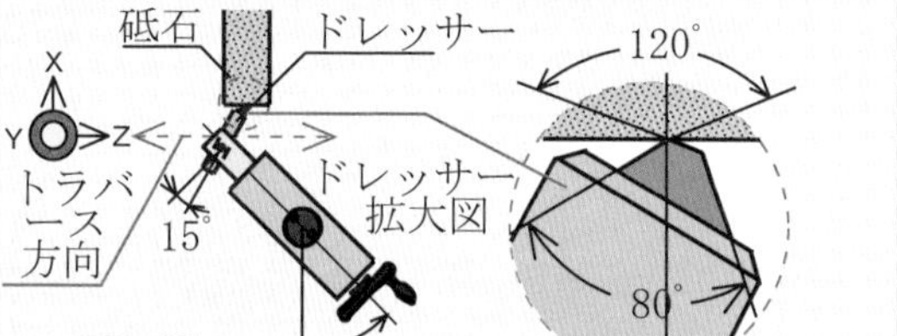 砥石 ドレッサー 120° X Y Z トラバース方向 15° ドレッサー拡大図 80° 45° 図3.37				
表面粗さ狙い値		6.3s				
砥石	規格	57A80H8V	左同	〃	〃	〃
砥石	回転数	1,670rpm	左同	〃	〃	〃
砥石	周速度	2,000m/min	左同	〃	〃	〃
ワーク	回転数	130rpm	左同	〃	〃	〃
ワーク	周速度	8.16m/min	左同	〃	〃	〃
ドレス	スピード	1,086 mm/min 、0.65/rev.	540 、0.32	435 、0.26	405、0.24	363.5、0.22
ドレス	切込量	φ0.03	左同	〃	〃	〃
研削	カット方式	プランジカット	〃	〃	〃	〃
研削	切込方式	自動φ0.355mm/min	〃	〃	〃	〃
研削	スパークアウト	3sec.	〃	〃	〃	〃
結果	仕上り面粗さ	Rmax 20.17μm	11.06	6.44	5.775	4.900

※ 表面粗さ計：(Sufcorder-SEF-30D Kosaka Lad Ltd.

※ 測定：1991 (H3) .1.10.～11.※ 測定者：古積友彦氏

図3.38は表3.3のドレッシングスピード(送りピッチ＝送り速さ〔mm〕/砥石回転〔rev.〕)と仕上がり面粗さの関係を示したものである。

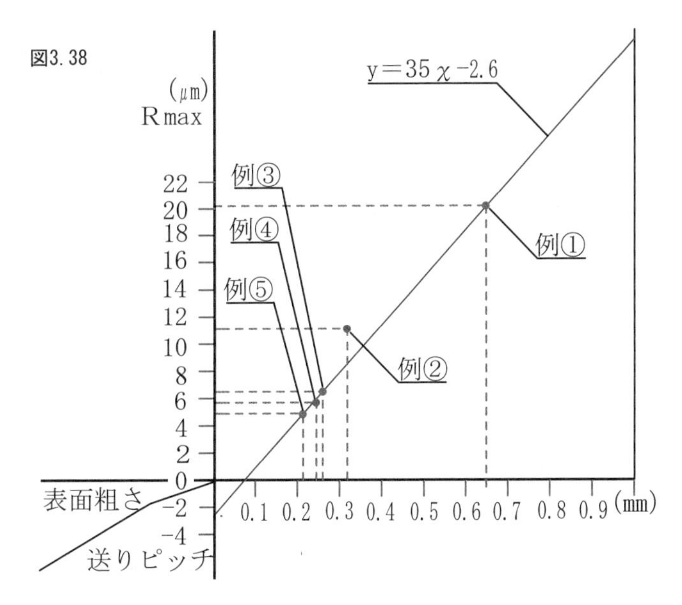

ドレッサーの鋭利部分を使ったドレッシングでは、送りピッチと仕上がり面粗さは比例していることが判る。

したがって、図3.38から面粗さの条件を掴むことができる。ただし、表面粗さ計からアウトプットされたプロフィルから判ることは、うねりを拾った最大高さになっている(図3.39)。ここのところを理解しておく必要がある。いずれにしても面粗さは試行を繰り返して得なければならない。

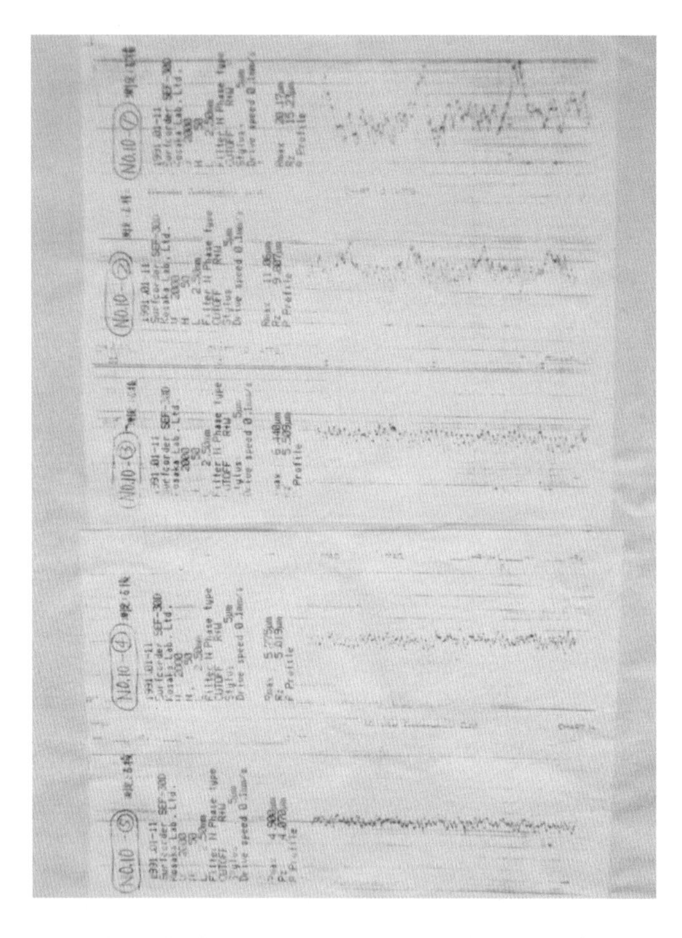

図3. 39ドレス送り条件の変化と研削仕上げ面粗さに関するプロフィールの比較

第４章　除去加工に於けるステ研

4.1　円筒研削加工に係る除去加工の特性を考える

試作部品に要求される加工精度は非常に高くなった。図面には寸法・形状・面粗さ共に1μm、1/2μm、1/4μm等随所に指示される時代になった。

円筒研削作業は、オーダーが示す指示寸法と許容値を念頭に入れ作業を進め、要求仕様を満たす品質の物を作り込むことを目的にして進めて行くことになる。

その作り込みの詳細については、第１章～第３章（後述する）を通して述べてきた。係る精度出しは、ステ研に関わる考え方、やり方の組み合わせで行っている。

最終工程で作り上げられた工法や技術のレベルは、その被削物の仕上げ面を観察・解析することにより、推察することができる。しかし、仕上がり精度を作り込むに至った最終工程以前のプロセスについては、どの様な考え方でどの様なやり方を経て進められて来たのか、第三者には判らない。これは加工法の中の一つである除去加工（母材の皮を剥き進め、中身を物に仕立てる工法）の特徴である。

加工に係る実際の仕事では、シリーズ物と称するオーダー品がある。初回のものはスムーズに加工出来ても、油断すると加工のプロといえども仕損じる失態を招くことがある。通常と異にしたプロセスの品物を作るときには、行程の全容を掌握した詳細な記録を書き止めておきたいものである。このことは常に心しておかなければならない。頭脳鮮明のうちは良い。日時の経過は再現を難しくする懸念がある。

シリーズ物や特殊な加工物については、各テーマ毎にプロセスとその加工条件を記録し、再現加工が出来る体制を構築して、除去加工の特性の故に隠れてしまう技能・技術の一面を何としても保存・蓄積（表題を付した末尾付録参照）して行きたいものである。

4.2　除去加工に於ける加工精度出しに関するステ研の意義

被研削物は、皮剥きに始まり、試し削り、余肉削りに至る過程を踏まえて粗研削加工を進める。更にワークを仕上げていくために、試し削り、寸法出し削りを行い完成に至る。この除去加工の一齣一齣に目的に応じたステ研を入れ、高精度物の研削加工を行ってきた。

例えば、一個の試作部品でも、高精度物については、その加工プロセスに於いて、第三者の目には映らない手間の掛かる部分が存在している。除去加工中に占めるステ研に費やされる部分がそれである。

一つは（余肉削り並びに寸法出し削りは除く）、被削物そのものに広く使われる広義のステ研である。

もう一つは、金型、治工具、試作部品の加工に関して、次工程（円研工程内をも含む）が必要とする限定された部分の精度出し加工のための基準（面あるいは円）を前工程で確保して行う支援の技術は、いわゆる狭義のステ研である。後者は平研、円研、旋盤、フライス、治具研、放電、測定等で、高精度を必要とする加工の際に随時応用されている。

ステ研は、金型、治工具、試作部品の研削加工における除去加工という工法の中で、広義、狭義の意味を持たせ共に関連させながら、最終目的とする許容値内加工精度の作り込みに深く関与しているという処に意義を認めるものである。

第５章　万能研削盤作業に係るステ研の展望

当円研シリーズNo.6では、従来行ってきた研削方法と現時点の加工の実状を記述し、これを踏まえ、ステ研という作業の加工精度の作り込みに係る役割、そして、その根底にある技能･技術について考えてきた。ステ研の考察の過程の中で得た収穫は、削るということは、削るという物理的な捉え方だけに止まらず、その根底に、削るということに有機的に関わる道具（ハード、ソフト、ノウハウ）が必要であるという体得であった。このことは以後の業務上で新しい発想や数々のテーマをもたらす起爆剤となった。

今後のあり方として、万能研削盤（円筒研削盤に内面研削盤機能を搭載した研削盤）作業においては、要求精度の確保は言うまでもなく、研削加工の省力化、作業の容易化を進めるための改善、能率的な作業、次工程（円研工程内をも含む）への支援技術等に繋げて行くべき技能・技術になった。

一方、万研に関わる作業を見直せば、固有技術を駆使して行う作業であり、且つ様々な工具が必要であった。

テーパーシャフト、ビルドマンドレル、ワークピースの保持具等改善の必要がでてきた。

また、チャックの特性（平行出し段取りの維持、角度出し段取りの維持等の利点）を生かした加工技術に係る標準化、テーパー修正作業、広角度物の角度修正作業、平行出しから角度段取りに関わる高度の精度出し・能率を促す早見表の作成・改善（使用設備の作業で用いる数表の作成と活用要領の標準化等）、側面研削加工によるアヤメ模様の創成を応用した平面作り、研削面粗さ精度を得るための早見表の作成・改善（表作成と活用のための標準化の推進）、精度出しと砥石寿命の関連に係る改善等、この様に今後取り組むべき課題は山積している。

物が出来ればそれで良いという風潮も一時期にはあったと記憶しているが、現時点ではとても通用することではない。技術の蓄積はおろか、技能のレベルアップすら危うくしてしまう。
　課題を解決していくテーマを新たに掲げ進めていく一方、ステ研の持つ加工精度の作り込み方の更なる見直しを進めたい。その成果を得るために加工精度の作り込みの技術・技能、そして次工程において喜ばれる高精度加工のための支援技術の幅を広げることについて、更に深く掘り下げて考えて行く必要がでてきた。
　万能研削盤作業に関わる除去加工の一部のところで、加工精度出しを担っているステ研という作業が行われていることと、加工担当がそこに拘る意義を理解して頂けるところがあれば幸甚に思う処である。

【付録】技術メモ登録の様式とその例１

報告書の内容を　報告書用紙(TR-1)　に記録し蓄積しよう

報告書番号		整理番号※		検印			高橋
作成年月日	1991-7-22	受付年月日	19　－　－				
機密のランク	1. 秘　2. 社外秘　3. 一般	公開日	19　－　－	報告レベル	1. 役員　②部長　③課長　④一般		
		保存期間	19　－　－				

表題	ステ研（精度を作り込む削り方）
番号	

所属名	生技本部生技2課		
社員番号	００９６１８		
報告者名	高橋邦孝		

報告の概要（目的、方法、結果、結論、今後の展開）

目的　ステ研の技術的な意義の追求を進め、ステ研の加工精度作りへの関わりの深さを認識させることをもって、精密加工に携わる若年技能者の技術向上に資する。

方法　1）ステ研の事例の層別　2）ステ研の体系化
3）精度出しの現工法の紹介（金型、治工具、試作部品作りのための段取りと研削加工方法）等を踏まえ除去加工に於けるステ研の位置づけを試みる。

結果　従来、ステ研は漠然とした概念の節があった。上記方法を踏まえて、除去加工における精度出しに関与する基礎技術として位置づけられたように思う。

結論　ステ研は加工精度出し基礎技術であり、また精度よく作られた研削加工面は他工程において精度出し加工の礎となる。

今後の展開　認識を得たステ研の意義を踏まえ、加工精度の作り込みの向上に努めるとともに、自他工程の支援技術の一つとして幅を広げることを目指したい。

意見、処置、その他：

意見者印

フリガナ ディスクリプタ（検索用語）	

総頁数	32	表の数	15	図の数	91	写真	0	サンプル数数	0	※分類コード			

【付録】技術メモ登録の様式とその例２

報告書の内容を　報告書用紙(TR-1)　に記録し蓄積しよう

報告書番号		整理番号※		検印			高橋
作成年月日	1991-3-20	受付年月日	19　－　－				

機密のランク	1. 秘　2. 社外秘 3. 一般	公開日	19　－　－	報告レベル	1. 役員　2. 部長 3. 課長　4. 一般
		保存期間	19　－　－		

フリガナ	バンノウケンサクバン　ケズ　カナガタ　ジコウグ　シサクブヒン
表　題	万能研削盤でテーパーを削る(金型、治工具、試作部品)
番　号	

所属名	生技本部生技2課		
社員番号	009618		
報告者名	高　橋　邦　孝		

報告の概要（目的、方法、結果、結論、今後の展開）

目的　テーパー 研削加工のオーダーに対して、フレキシブルに対応出来る工法を定着させる。

方法　1）実際に行ったテーパー加工例(金型、治工具、試作部品)を考察し

2）テーパー研削段取りの不具合調査、解析

3）テーパー研削に関するスキル、測定方法の見直し

4）砥石成形のテスト、テーパー研削加工別法に係る模索等を行った。

結果　1）テーパー加工品は多種に及び、また研削作業も各種に亘っていることを認識した。

2）テーパー加工に於ける万研機の特殊性を把握することによりテーパー研削加工のオーダーに対してフレキシブルに対応(加工精度、段取り時間の軽減等）が出来るようになった。

3）テーパー加工と測定に関するスキルを、段取りの標準化に反映出来た。

4）理論不足の否めない処があるが、固有技術と化した。

今後の展開　今後ともテーパー研削加工技術を追求し、若年技能者への指導に資すべく教材を作成し、活用して行きたい。

意見、処置、その他：

意見者印

フリガナ ディスクリプタ（検索用語）

総頁数	35	表の数	32	図の数	121	写真	0	サンプル数数	0	※分類コード			

（参考文献）

『研削盤・研削機器とその使い方』
竹中規雄・佐藤久弥　共著　　誠文堂新光社

『研削加工のドレッシング・ツルーイング』
竹中規雄・佐藤久弥　共著　　誠文堂新光社

『研削加工のトラブルと対策』
竹中規雄・佐藤久弥　共著　　誠文堂新光社

『よくわかる研削作業法』福田力也著　　理工学社

『研削盤のエキスパート技能ブックス 8』　　大河出版

『研削工学　研削工学シリーズ』　精密学会編　オーム社

第２部のまとめ

円筒研削盤作業の中のステ研と称される作業が如何に行われてきたのか、実態の把握を常々考えていた。

事例を整理しまとめてみると、技能の領域に広く深く関わっていることが判った。こだわりを捨て、途中で止めてしまっていれば苦労し甲斐もなく終わってしまっていた事である。若気の至りというのか、当時はステ研の本質に迫れと駆り立てられるものがあり、観念論的な深みにまで嵌ってしまっていた。

どんなケースがあったのか、どのような意味をもつ作業だっのか、なぜ必要だっのか、その目的は何であったのか、様々な角度から模索した。沈思黙考･解析した過程で、夢中で営まれているステ研と称する作業が、精密加工や技能向上に必要不可欠な仕事の一部分に位置づけるべく作業であったことが改めて認識させられた。日常さりげなく繰り返し行ってきて習い性となっていたステ研の作業が、実は加工精度を得る補助作業として重要な役割を果たしていた訳である。

当時は浅学の状況下にあり、また期間内書き上げ（納期指定志向）で進めていた関係もあって、鉛筆書きの原本の中身は説明文・図解共々乱暴な表現が随所にあった。乱暴な解説と図に手を加え直し、且つ解説文の添削を加え何とか辻褄を合わせてやり終えていた。

円熟な技能者になることを志向する者であれば、オーダー内容が高レベルのときもそうでないときでも、隔てなく考え方・やり方を愚直に丁寧に誠実に実践していく他はない。ステ研という言葉を、一般には単に補助的な作業と軽薄に捉えられがちであるが、ステ研を円筒研削盤作業の重要な要素作業に位置づけ、また、ものづくりの技術思想の一つとして堅持して行きたいと思っているところである。

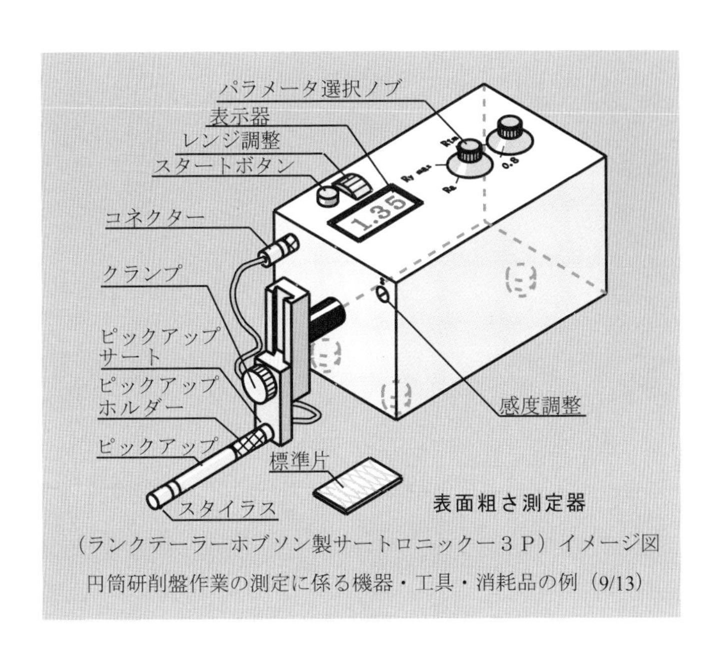

（ランクテーラーホブソン製サートロニック−３Ｐ）イメージ図

円筒研削盤作業の測定に係る機器・工具・消耗品の例（9/13）

第３部

万能研削盤に係る作業の中で特性を掴む

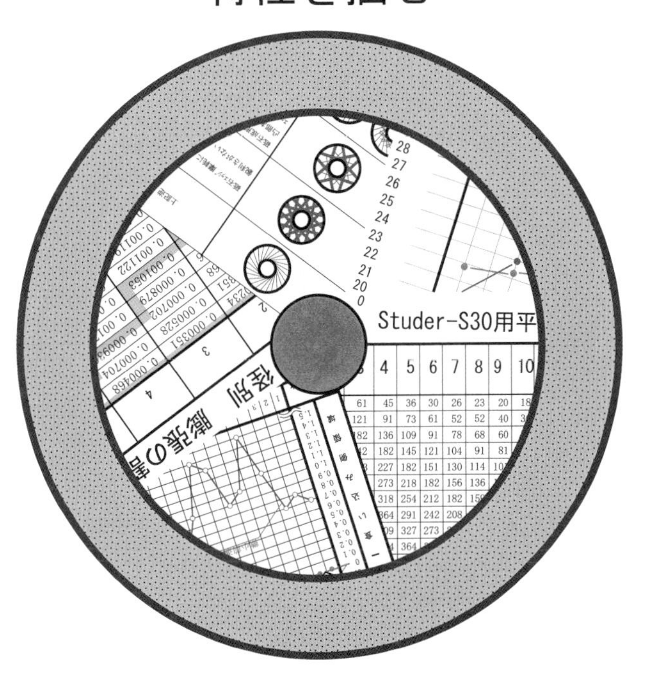

第３部によせて

ここにいう円研作業シリーズとは、「円筒研削盤作業の技能を基に、職場の若年技能者に仕事を教えてやって欲しい」という当時の上司、熊谷義昭次長の要請を受け始めた手づくり連作の技術冊子である。業務は多忙、その中で、項目内容等を模索・進捗させせることにした。結果として円筒研削盤作業の要素を７シリーズに分割作成し、職場回覧の形にした。各シリーズが出来上がるや、浅学を省みず直ちに部･課を回覧し、シリーズ７で完結をみた。しかし、回覧の記録は残ったものの成果の良し悪しは得られなかった。

心に刻み込んで来たフレーズ「機械の癖を掴んでものづくりにあたれ！」は年月が経ち、いつしか現状に合った都合の良い言葉「特性を生かせ！」に辿り着いていた。この文言はデータを残し、整理し、図表化し、特性を数値化して行くことで定着をみた。

データは特性値に替わり、数表化するなど実用として成果が進展した。ものづくりの中で捻り出された勘は数値化出来る確信を得た。この経緯を経て、若年技能者育成の容易化が促され、技能・技術伝承の一端に寄与できる見通しを得た。

係る特性の生かし方は機械特性、幾何特性、物理的特性、計測特性（寸法、速度、温度等に係る）等に大別する発想で進め、詳細な整理を図って行くことにした。因みに技術冊子のシリーズ終局は７に決めていた関係があり、携わってきた著者の円研作業に於ける最大漏らさずの内容（ここでは著書『円筒研削盤作業』第１作・第２作で示してきた特性を含め、当第３作目を主旨とした）にした。

遡る1988年上期は加工寸法（ϕ 1μm以下）、形状（1μm、0.1μm）、表面粗さ（Rmax1μm～0.1μm）の厳しい結果が求められる技術、言い換えれば著者にとっては超精密円筒研削加工の趨りの時期にあった。上期にはStuder-はしS30（精密円筒研削盤）が導入され、下期には設備を最大限に活用すべく研削加工条件の確立を目指すことにしていた。

円筒研削盤作業担当の年を経た1991年には、空気磁気軸受の試作品･

メインパーツ（回転軸、固定軸）の加工が行われるに至っていた。特に内外研の寸法・形状、表面粗さ等については精密測定法の確立を目指していた。

因みに実務ではC-4空気磁気軸受けの量産移行準備、同パーツの取り扱いに係る管理、精密加工室の運用に向けた業務等、慌ただしい時期に入っていた。

以下に述べる記述の中には、後日、既に作成した数表に不具合が判明したものも出て来た。数表が使えないという事態である。個々の作業ではその都度計算して数値を求め、姑息に対応する形をとってきた。因みに年数を経た鉛筆書きの著書原本は、見づらい紙面になってきていたので、新たな手づくり本にした。当第3作目の成り立ちは、これらの経緯によるものである。

当時の手づくり本（冊子）の完成日（10月27日）は、著者の誕生日であることを意識して付し、かつ表紙の鉛筆書き絵の「●」は、演歌歌手春日八郎氏が逝去された年であったので「赤いランプの終列車」のランプをイメージして、鉛筆書き手づくり本「円研シリーズ№.7」を最終企画としたことを懐かしく思いだした。

序

以下に記述した文面は、1991年当時、職場内回覧を兼ねて作成した「論文まがいの手づくり本」の中の「はじめに」の所に書き記しておいたものである。本書では、その文面を序文に引用したことを、先ずは申し述べておきたい。

部品加工に関りをもつ諸事項の繋がりについて考える時、現に携わっているものづくり職場の一切を包括して工作環境と定義づける考え方がある。この考え方に基づけば、工作環境は数多くの小事項の総和で構成されている。且つ、各々の項目には様々な特性が秘められている。その特性の理解を怠ろうものなら、己が意とする品物を決して作らせてはくれない。

以下に述べる万能研削盤作業では、これら特性のうち理解が得られた好事例を幾つか拾い挙げて、応用・活用し、今日の作業スタイル・やり方に至ったことを記述する。

例えば、図・表の形にしたり、数値に置き替えて理解出来たものを、作業手順や工法の確立、作業の標準化に生かし実践・活用できたという具合である。幾つかの特性については、既に数値化したり、図式化して理解を容易にして作業に生かしてはきたが、数値化・図式化までに至らず、未だ勘の領域の中に組み込まれ、神秘の形で生かされている例も少なくない。

駆け出しの頃、「機械の癖を掴んで削れ！」と先輩から機械加工の根本に関わる有り難い教訓を戴いた。

今にして思えば、広く特性を知り、それらを生かしてものを作れということだったと思う。

ものづくりには、一般に、豊富な経験の必要性が説かれている。その真意を尋ねれば、単に経験した年月そのものを指すものではなく、失敗・不具合の体験を踏まえ、その克服に取り組んだ経緯や、その末に得た特性把握に費やした時間とか、更にそれを生かし切る知恵を生み出すに至った時間等の総和を指すものではないかと思っている。

この篇(円研シリーズ7)は、今日まで携わってきた万研(万能研削盤)作業に係るデータを整理し、工作環境の特性をどの角度から捉え、どのように理解し、どう生かしてきたか、記録されたデータ・早見表・特性図・特性値等を示して参考に資したいと思う。浅学の故、随所に誤りがあるのではと、一抹の不安がある。その節はよろしく御指導をお願い申し上げたい。

尚、円研シリーズは今回の「シリーズ7」をもちまして完了と致します。シリーズを通して、円研技術の信頼性を自問自答する格好の機会となりました。一年有余に亘り熊谷次長、安部課長技師の格別なる御指導・ご鞭撻・寛大なご配慮を戴き誠に有りがとう御座いました。

1991(H3).10.27

生産技術部
生産技術2課　試作グループ

髙橋邦孝

第１章　特性を掴む

1.1　テーパー補正

1.1.1　平行出し早見表

万能研削盤には、円筒度やテーパーを確保するために図 1.1 が示す旋回テーブルの機構が取り付けられている。

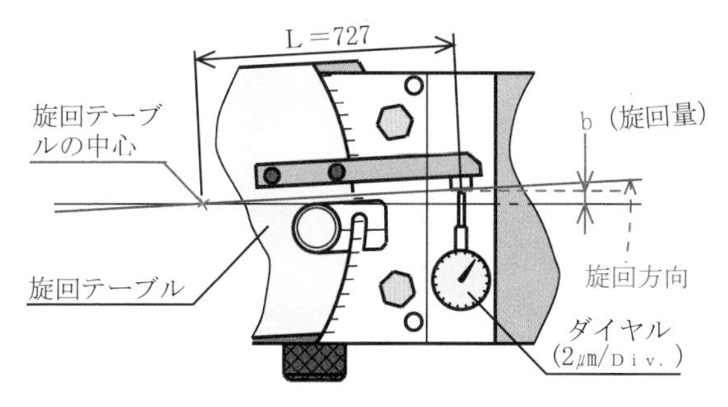

図1.1　Studer S-30 旋回テーブル略図

ワークピースの円筒研削加工に於いてテーパーがついてしまった場合、テーブルを適量旋回してやることによって、砥石軸に対するワークピースの取り付け角度が変わり、その角度分だけ補正削りができ、且つ許容円筒度の加工ができる仕組みになっている。

この旋回量は勘による捉え方もできるし、計算によってテーパー修正量を把握し、テーパー補正を行うこともできる。更に後者は予め公式を用いて旋回量を計算し、平行出し早見表（テーパー修正表）なる表 1.1〔付録 1 参照〕を作ることができる。円研加工諸作業ある中、係る表は能率的作業や加工精度出しの際、容易に広範に活用できるため、加工上で用いる表の中で特に秀でている。

その利点を生かし、後者は縦方向に円筒度Δ d（単位μm）、横方向に測定長 Lm の欄を設け、その交点にテーブル旋回量（図 1.1 のダイヤル目盛、単位μm）を計算しマトリックスに数値を詰め込み作成した表が平行出し早見表（表 1.1）である。

この表は、金型、治工具、試作部品に関する円研作業上最も使用頻度が高く、円筒度出し、角度削り、角度の補正削りの実作業の際、必須のソフトとして用いている。

テーブル旋回量は、表 1.1 より得られた数値だけ旋回することになるが、旋回は旋回テーブル端に取りつけてある旋回ノブや旋回レバーにより操作され、ネジやカムを介して行われる。

表1.1　Studer-S30用　平行出し早見表

円筒度Δd (μm) ＼ テーブル旋回量b (μm) ＼ 測定長Lm (mm)	0.5	1	2	3	4	…	20
0.5	364	182	91	61	45		9
1.0	727	364	182	121	91		18
1.5	1091	545	273	182	136		27
2.0	1454	727	364	242	182		36

$$b\,(\mu m) = 363.5 \cdot \frac{\Delta d}{Lm}$$

但し、小数点以下四捨五入

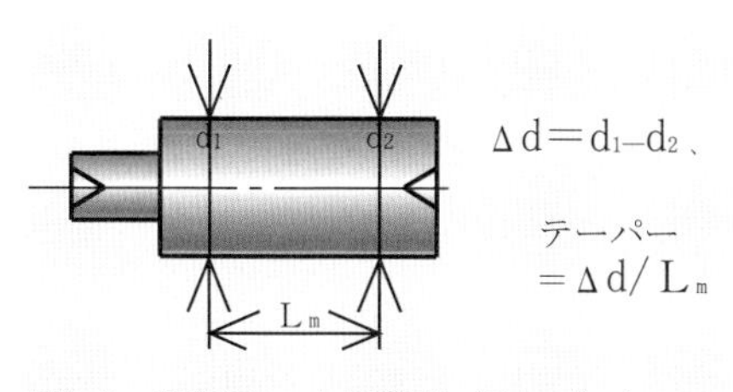

図1.2　測定長Lmと円筒度（テーパー）

1.1.2　平行出し早見表の作り方（Studer-S30の場合）

図1.1に示している様に、テーブル旋回量bは、図1.2が示すテーパー値（Δd/Lm）に係る測定長Lmと、図1.1のL（テーブル中心からダイヤルインジケータまでの距離727㎜）との比例関係にある。

測定長Lmが4mmで、テーパー（Δd）が1μmのとき、図1.1の公式に当てはめて計算すると数値は91μmとなる。この要領で計算を地道に行って旋回量b（調整すべきダイヤル目盛数）を枡目に埋め尽くせば、平行出し早見表の完成である。

1.1.3　平行出し早見表の使い方

平行出し早見表は、次の様に使うことが多い。ストレート物の平行出し（加工に係る仕様の円筒度を得る）をするため、微小角度のテーブル旋回量を求めるときや、砥石軸に対する両センターの平行を出す場合、あるいは角度許容値を得るためのテーブル旋回量を求める、はたまた平行出しから連携してテーパー加工への切り替えの際に用いる。具体的には以下のとおりである。

①ワークピース研削時の平行出し……図1.3に示してあるように、皮剥き研削加工を行ったところ、測定長20mmの間でφ1μmのテーパーがついていた。表1.1は末尾の付録に示している「Studer-S30用平行

出し早見表」に従えば、横の欄 Lm=20、縦の欄 Δ d（μm）=1 の交点 18 が旋回量（b=18μm）である。テーブルをダイヤル目盛で 18μm時計回りに旋回してリセットし、研削加工を行えば、円筒度 0 に近い平行が得られる。

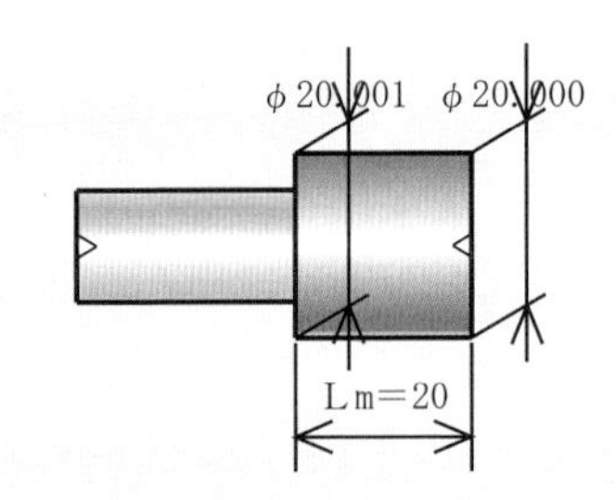

図1. 3　皮剝き時点のテーパー状態

②両センターの平行を出すとき……両センターにセットされ円筒度 0 が出ているワークピースに、図 1.4 の様に Lm=30 間の間隔を取り、砥石アタリを観て（マジックが消えた）、X 軸ハンドホイルの切り込みハンドル目盛を読み取る。測定長 Lm=30 のところで、目盛の差 0.01 の場合、末尾付録（Studer-S30 用平行出し早見表参照）が示す 121μmがテーブル旋回量となる。テーブルを時計方向に 121μm旋回させると、砥石軸に対する両センターの平行がでる。

③平行出しからテーパー加工へ展開するとき……図 1.5 は 1/10,000 テーパーシャフトの研削加工例である。

まず、φ 30 部を研削加工して平行を出す。平行が出たのを確認して、ワークをトンボして 36μm反時計回りにテーブルを旋回すれば、1/10,000 テーパーに加工できる（末尾付録「Studer-S30 の早見表」

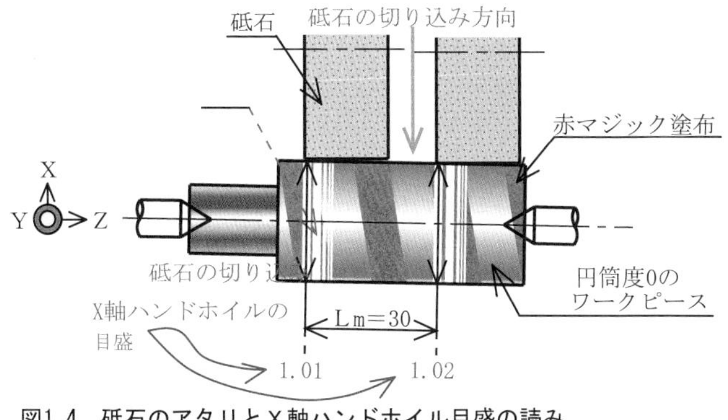

図1.4　砥石のアタリとX軸ハンドホイル目盛の読み

参照。Lm=100、Δ d=10μmの交点の数値 36μmに基づく)。

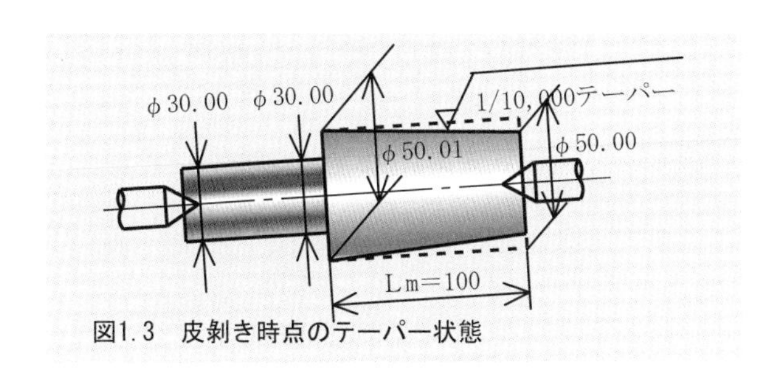

図1.3　皮剥き時点のテーパー状態

1.2　広角度ものの研削加工精度出し

1.2.1　「角度加工の目標値」及び「角度補正に関する早見表（TUGAMI T-UGM350 の場合）」

テーパー修正の際には、測定長（此処では L_2= 斜辺）の確定が重要な要素となる（図 1.6 参照）。

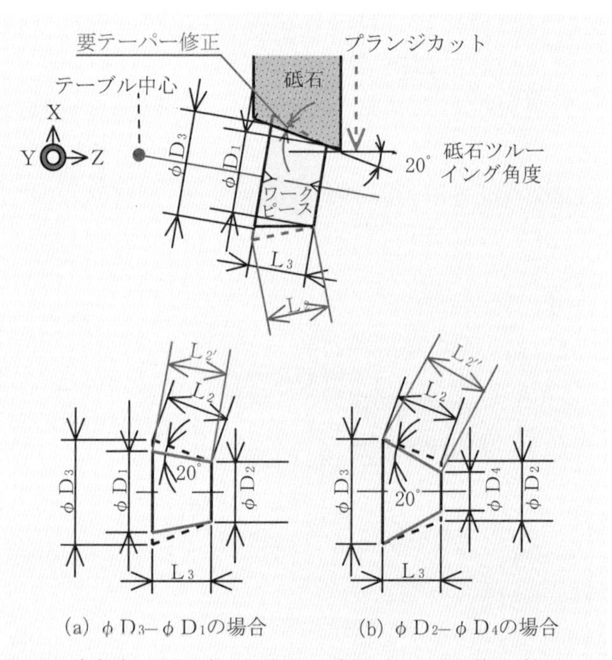

図1.6　高角度（20°）物の研削加工略図（テーパー修正前）

表1.2並びに表1.3-1、1.3-2は、角度20°に係る円研加工を行うとき、角度設定段取りの設定値（テーブル旋回角度）と角度加工精度を得るためのテーブル旋回角度修正（補正）操作を行う際に用いると便利な数表(早見表）である。

両者の表は、広角度ものの加工をする際、角度設定～加工～角度測定に至るプロセスの中で連携させて使用することができる。

分単位の角度許容値が指定されている加工品については、予めこの様な表を作っておくと数表（早見表）を利用して仕事ができ、作業の速さ・加工品の出来栄え・仕事品質の向上等に繋がり、作業の標準化に資することが大きい。

表1.2　角度補正早見表（設定角度20°の時）

〔万能研削盤TUGAMI T-UGM350に係る〕

φD3－φD1 φD3－φD4	L_3＝全長〔mm〕 L_2＝斜辺〔mm〕	1	2	3	4	…	30
		1.064	2.128	3.193	4.258	…	31.925
0.005	M＝テーパー	1.409	0.705	0.470	0.352	…	0.047
0.010	修正	2.818	1.410	0.940	0.705	…	0.094
0.020	ダイヤル	5.637	2.820	1.879	1.409	…	0.188
0.030	目盛量	8.455	4.229	2.819	2.114	…	0.282
…							
0.090						…	0.846

〔万能研削盤TUGAMI T-UGM350の例〕〔1982（S57）.7.2〕

表1. 3-1　角度加工補正用斜辺早見表〉

設定角度 度	設定角度 分	L₃＝全長〔mm〕	1	2	3	4	…	30
20°	+30′	L₂＝斜辺〔mm〕	1. 0676	2. 1352	3. 2028	4. 2612		32. 0280
	+10′		1. 0653	2. 1306	3. 1959	4. 2612		31. 9590
	+5′		1. 0647	2. 1294	3. 1941	4. 2588		31. 9410
	±0		1. 0642	2. 1284	3. 1926	4. 2568		31. 9260
	−5′		1. 0636	2. 1272	3. 1908	4. 2568		31. 9080
	−10′		1. 0631	2. 1262	3. 1893	4. 2524		31. 8930
	−30′		1. 0609	2. 1218	3. 1827	4. 2436		31. 8270

〔1982（S57）. 7. 2〕

表1. 3-2　角度加工精度目標値早見表〉

設定角度 度	設定角度 分	L₃＝全長〔mm〕	1	2	3	4	…	30
20°	+30′	円筒度	0. 778	1. 496	2. 243	2. 991		29. 910
	+10′		0. 735	1. 469	2. 204	2. 938		29. 382
	+5′		0. 731	1. 462	2. 194	2. 925		29. 250
	±0		0. 728	1. 456	2. 184	2. 912		29. 118
	−5′		0. 723	1. 448	2. 174	2. 899		28. 986
	−10′		0. 721	1. 443	2. 164	2. 885		28. 854
	−30′		0. 708	1. 416	2. 125	2. 832		28. 330

〔1982（S57）. 7. 2〕

①角度修正（補正）…図 1.6 のように 20°に成形した砥石で角度加工を行ったところ、許容値を満たしていなかったことが判り、α°修正することになった。この様なときに、角度修正研削加工を行うためにテーブル旋回量を幾らにしたら良いのか、予め計算して数値を求めておいた数表が表 1.2 である。

②角度加工精度目標値早見表…20°に成形した砥石を使い、且つ、図 1.8 の段取りで角度測定を行い、図 1.7 のように角度α（2′ 30″）をテーブル旋回して、仕様が示す角度 $20°{}^{+5'}_{0}$ に加工を行った。L_3=2 のとき、M_2-M_1 が仕様の規格 20°に入っているものかどうかを確認するため、角度 5′単位で測定長 L_3 に対する円筒度を予め計算しておいたものが既に示した表 1.3 である。

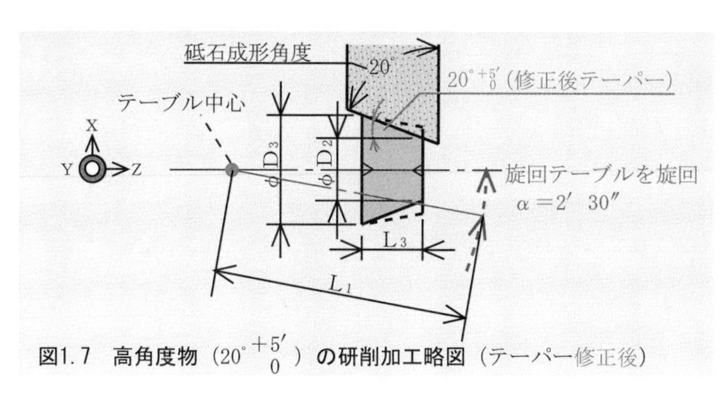

図1.7　高角度物（$20°{}^{+5'}_{0}$）の研削加工略図（テーパー修正後）

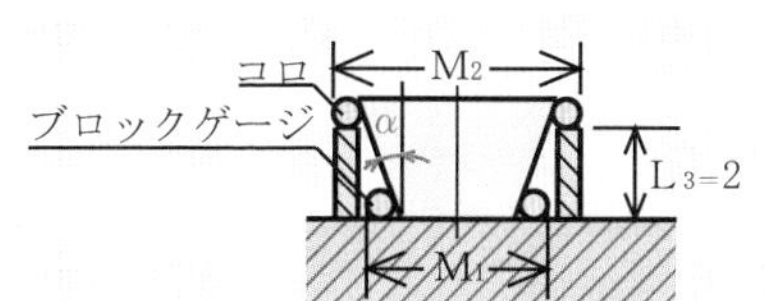

図1.8 角度測定の段取り

1.2.2　角度補正早見表（設定角度 20°の例）の作り方〔TUGAMI T-UGM350 の例〕

表 1.2 は縦に円筒度修正量を、横の欄に測定長（L_3 を記入し、L_3 に見合った斜辺の長さを L_2 とする）を計算して記入する。円筒度修正量と測定長の交点がテーブル旋回量である。図 1.9 は、L_2、L_3 の関係をを示す。

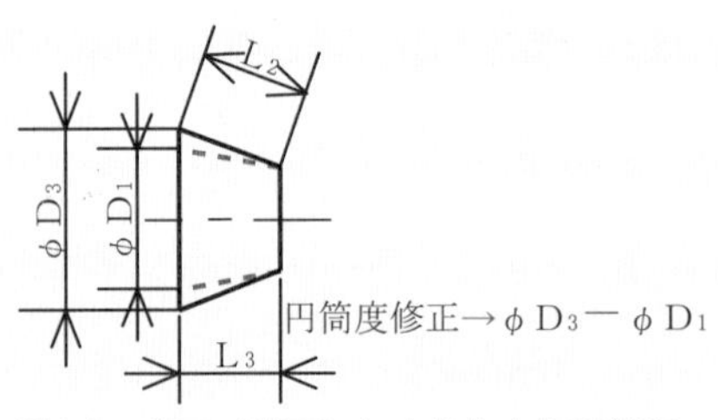

図1.9　修正（補正）しようとする円筒度

$$L_2 の長さは L_2 = \frac{L_3}{\cos 20^\circ} = \frac{L_3}{0.93969} \quad \cdots\cdots 式（1）$$

より求め、円筒度修正量（修正したい量）は予め取り扱い上、都合の良い数値（ϕ 0.005 とか、ϕ 0.010 とか）を選び縦の欄に順次並べる。また、テーブル旋回量は、

$$M = \frac{L_1}{2} \times \frac{D_3 - D_1}{L_2} = 300 \times \frac{D_3 - D_1}{L_2} \quad \cdots\cdots 式（2）$$

より計算する。

ただし、L_1= テーブル中心から修正用ダイヤルの測定子までの長さ（図 1.7 参照）、並びに ϕ D_3、ϕ D_1 は図 1.9 に基づく。

〔参考〕　Studer-S30では、

$$b = \frac{L_1}{2} \times \frac{d_1 - d_2}{L_m} = 363.5 \times \frac{\Delta d}{L_m} \quad \cdots\cdots 式（3）$$

より求める。

但し、D_1、d_1、d_2、L_m、Δd は図1.1と図1.2に基づく。

1.2.3　角度加工精度目標値早見表の作り方（設定角度20°のとき）

この表（表1.3）は縦の欄に角度（度、分）例えば、20°、20° 5′、のように、横の欄には、ワークピースの測定長 L_3 を明示し、双方の交点に円筒度を記入する。

円筒度は　$D_1 - D_2 = 2 \cdot \tan\theta \cdot L_3$　……式（4）

から導かれる。但し、D_1、D_2、L_3 は図1.10に基づく。

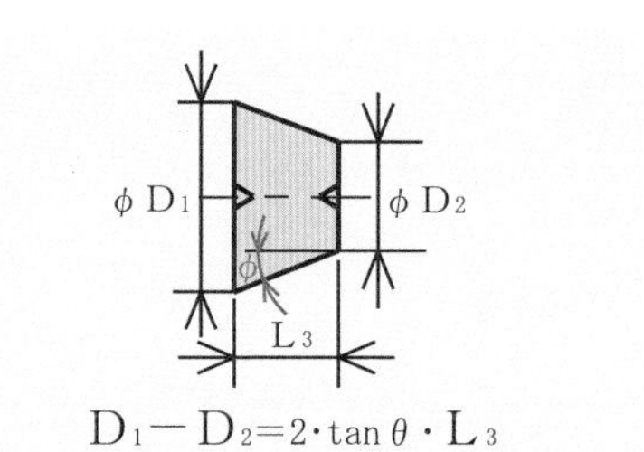

図1.10　設定角度と円筒度の関係図

角度については、角度要求仕様に応じた数値で、例えば20°、20° 5′、20° 10′、20° 30′というように予め都合のよい数値を決めて明示する。

斜辺に相対する底辺L_3は、図1.8が示す上下2個のコロ径の中心間の距離（ブロックゲージの高さ）とし、扱いの良い長さ、具体例として挙げれば表1.2、及び表1.3が示しているように、1㎜、2㎜、3㎜のように決めておくとよい。

1.2.4　角度補正早見表（設定角度20°用）と角度加工精度目標値早見表（設定角度20°用）の使い方

図1.11に示す要求仕様が$20^{\circ}{}^{+10'}_{0}$に対し、トレランスの中央20° 5′を狙いとした加工段取りを行い、研削加工を行ったときの例を取り上げて説明する。

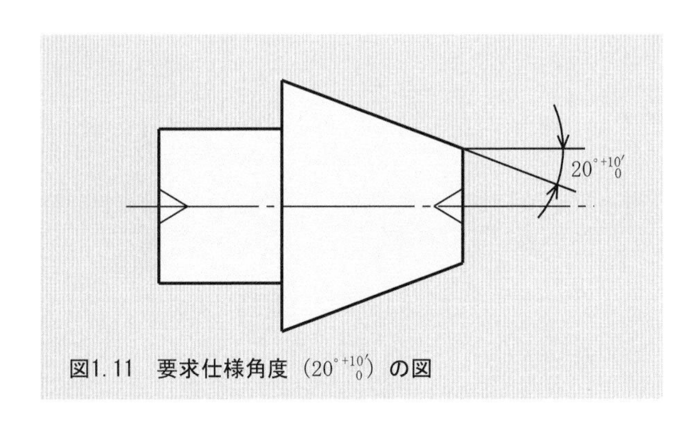

図1. 11　要求仕様角度（$20^{\circ}{}^{+10'}_{0}$）の図

研削加工を行った後、図1.12の測定段取りで円筒度を測ったところ、$L_3=2$のとき1.472の数値が得られた。目標値早見表（表1.3参照）との円筒度の差は次のようになる。

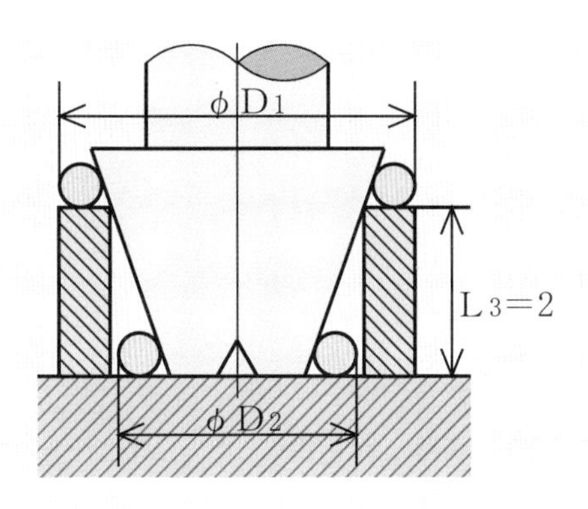

図1.12 角度測定段取り

1.472　－　1.462　＝　0.010　……式（5）

（測定値）－（目標値）＝（円筒度の差）

円筒度の差異0.010を修正する必要があるから表1.2の円筒度修正の欄の0.010とL_3=2の交点の数値1.410㎜(ダイヤル目盛に相当する)がテーブル旋回量になる。

表1.2の角度補正早見表はラフに作成しているが、縦横欄の円筒度修正量及びL_3をもっと細かく設定すれば、実作業上で一層便利になる。もし、上に示した式（5）に於いて、測定値が1.477となったときは、目標値早見表（表1.3参照）との円筒度の差は次のようになる。

1.477 － 1.462 ＝ 0.015　……式（6）

その場合のテーブル旋回量の求め方は、表 1.2 の数値を次のように使うとよい。

（円筒度修正量）　　　（テーブル旋回量）

0. 010 ----->　　　1. 410

0. 0005----->　＋　0. 705

――――――――――――

2. 115…（求めるテーブル旋回量）

また、式（5）に於いて測定値が 1.473+ なったときは、次のように使えばよい。

1. 473　－ 1. 462 ＝ 0. 011　……式（7）

（円筒度修正量）　　　（テーブル旋回量）

0.010 ----->　　　1. 410

0.001 ----->　＋　0. 141…（1. 410の1/10にした値）

――――――――――――

1. 551…（求めるテーブル旋回量）

1.3 テーパー値

1.3.1 テーパー値早見表

表 1.4 はテーパー値早見表である。図 1.13 のようなワークピース加工に於いて、テーパー部分の長さ L_3 を変えたときのテーパー値（$D_1 - D_2$）の計算を予め行い、一覧表にしたものである。

金型、治工具、試作部品加工においては、テーパー加工が比較的多い。その関係もあり角度段取り、角度加工、角度測定の作業頻度は高い。

したがって、係る数表を作成し利用できるのであれば、作業をする上で計算上の省力、計算ミスの防止等で便利である。

表1.4 テーパー値早見表

テーパー ＼ テーパー値 ＼ テーパー長 L_3		5	10	15
7/24	- - - - - -	1.458	2.916	4.377
1/6	- - - - - -	0.833	1.667	2.500
1/12	- - - - - -	0.471	0.833	1.250
1/15	- - - - - -	0.333	0.667	1.000

（1/6テーパー、L_3＝10の例）

1.3.2 テーパー値早見表の作り方

業務上オーダーを受けるテーパー加工品を予め拾い上げておき、表 1.4 のように縦にテーパー、横にテーパー部の長さを 5㎜おきに区切り、100㎜位までの表を作っておけばよい。1/6 テーパーの場合、L_3 は 5、10、15 と変わっていくから、1㎜単位で作表できれば一層よい。

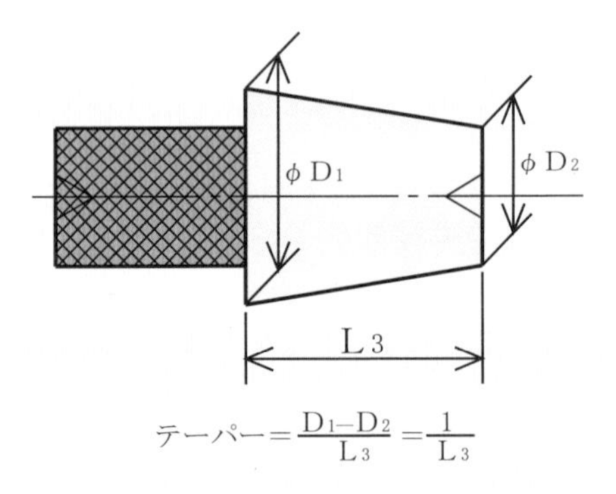

テーパー＝$\frac{D_1 - D_2}{L_3}$＝$\frac{1}{L_3}$

図1.13　1/6テーパーのワークピース

$$\frac{1}{6}=\frac{D_1-D_2}{L_3}$$ ……式（8）

上式（8）から L_3 を5、10、15……にしたときの D_1-D_2 を予め計算し作表しておけば、テーパー値早見表から L_3 が5㎜、10㎜、15㎜のときのテーパー値を適時把握することができる。

1.3.3　テーパー値早見表の使い方

この表の使い方としては円物角度の両端の直径寸法の計算をしたり、粗削り寸法を計算するための１ステップとして用いる。またテーブル角度（設定角度）を出すためとか、角度測定の一つのステップとしても用いられる。

①1/5,000テーパー加工例（テーパー研削加工部L_3=50、先端部径ϕ 15.00の時）…微小角度テーパーの粗削り目標値を決める場合（図1.14参照）

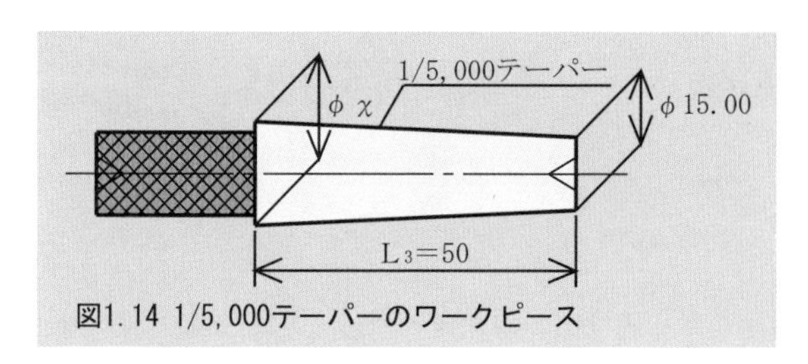

図1.14 1/5,000テーパーのワークピース

まず、仕上げ加工代ϕ 0.03を残してストレートに加工することを前提に考える。仕様が与える元部$\phi\ \chi$は、付録のテーパー早見表を参考にすれば、L_3=50のときテーパー値は0.010である。よって、図1.14の$\phi\ \chi$はϕ 15.010となる。したがって、粗削り加工寸法（ストレート削り）は、

（テーパー仕様最大径）（仕上げ代）　（スレート粗削り寸法）

ϕ 15.010＋ϕ 0.03＝ϕ 15.040…式（9）

となり、粗削りでは、ストレートにϕ 15.040に削ればよい。

また、L_3の仕様がL_3=51のように変わり、対応する丁度良い円筒度が作表されていない場合には、次のような使い方をするとよい。

〈仕様L_3＝51時のテーパー元部径&粗削り寸法の求め方〉

表が示す
L_3＝50の時……φ15.010…L_3＝50の時の元部の径
L_3＝ 1の時…＋φ 0.002…10のテーパー値の1/10

φ15.012…仕様（テーパー元部の径）
＋φ 0.030…仕上げ代

φ15.042…粗削り寸法

②平行削りから角度出しの操作（テーブル旋回量）…Studer-S30の場合では、ストレート部分の加工完了後付録（Studer-S30用の平行出し早見表）Lmm＝50のときのテーパー修正量0.01によりテーブルを73μm旋回させればよい。角度加工からストレート部加工も同様に行えばよい。

③角度物の角度測定の例…図1.15の角度測定の段取りにてM_2、M_1の差がテーパー早見表のL_3に該当するテーパー値に合えば、仕様どおりの角度が得られたことになる。テーパー早見表は目標値として、また、角度加工精度の確認として使えばよい。

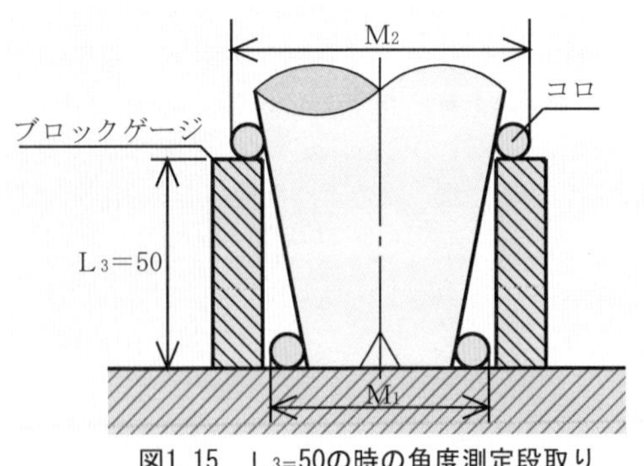

図1.15　L_3=50の時の角度測定段取り

1.4　MT、NT テーブルに関する旋回量

1.4.1　MT、NT テーブル旋回量早見表

MT、NT の角度設定は、規格で決まっていることから、テーブル旋回量は、計算で求めることができる。Studer-S30 では、計算された数値が取説に示されている。表 1.5 は Studer-S30 における MT、NT に関するテーブル旋回量の早見表である。

表1.5　ＭＴ、ＮＴ旋回量早見表

テーパー ＼ α & χ	設定角度 α	ブロックゲージ χ
0	1°29′27″	18.914
1	1°25′43″	18.125
2	1°25′50″	18.150
3	1°26′16″	18.241
4	1°29′15″	18.872
5	1°30′26″	19.122
6	1°29′36″	18.946
ＫＳ	8°17′50″	104.912

(Studer-S30用)

1.4.2 MT、NTテーブル旋回量早見表の作り方

角度加工の段取りとは、設定角度に見合ったテーブル旋回量を決め、それに合った旋回操作をすることである。Studer-S30では、次の計算式で旋回量が計算されている。

$$\chi = 727\sin\alpha \cdots 式 (10)$$

ただし、

χ:テーブル旋回量

727㎜:テーブル旋回中心〜ダイヤルまでの長さ

α:MTの各設定角度

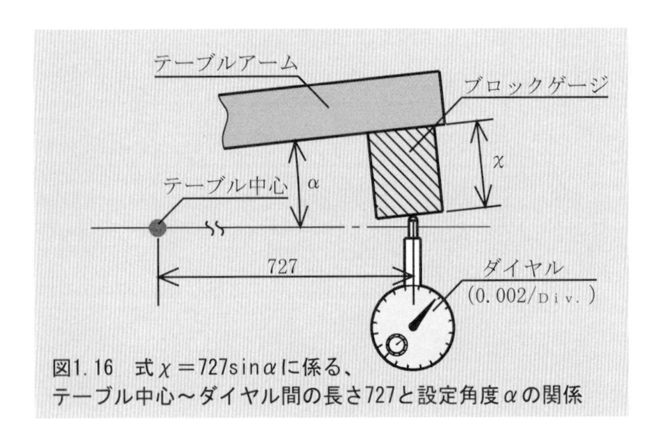

図1.16　式χ=727sinαに係る、
テーブル中心〜ダイヤル間の長さ727と設定角度αの関係

1.4.3　MT、NT テーブル旋回量早見表の使い方

テーブル上に刻まれている角度目盛は目安であり、正確な角度段取りを行うためにはやや困難である。より精密な段取りを行うには、ブロックゲージの機能を図 1.16 が示すように介在させ、表 1.5 を、テーブル旋回量を捉える一手段として用いる。

まず表 1.5 に示している旋回量 χ の各ブロックゲージを製作しておくとよい。

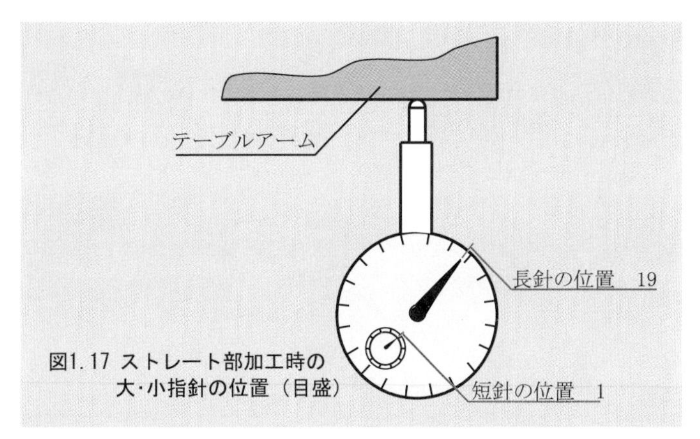

図1.17 ストレート部加工時の大·小指針の位置（目盛）

次にストレート部の加工（図 1.18 ①）を行い、円筒度を出す。その時、短指針・長針が示すダイヤル目盛 1-19（図 1.17 参照）をマークしてメモしておく。

次いでワークピースをトンボして、18.241 のブロックゲージが挿入できるまでテーブルを旋回（反時計回りに）し、ブロックゲージを図 1.16 のように嵌める。

テーブルを時計回りに旋回させ、ダイヤル指針がストレート部分加工時と同じ目盛の位置（1-19）に来た処でテーブルをクランプする。これで MT3 の角度設定段取りは完了、即 MT3 の研削加工（図 1.18 ②）に入る。

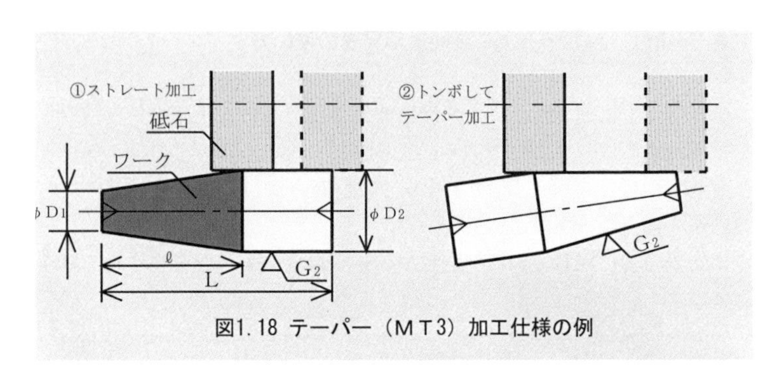

図1. 18 テーパー（ＭＴ3）加工仕様の例

この様に、当早見表は角度加工の正確さともの作りの時短が得られるということで、円研加工上では必要不可欠な便利なソフトといえる。

1.5　アヤメ研削条痕創製の心高調整スペーサー厚

1.5.1　心高調整スペーサー厚選択早見表

端面、段付き面の平面度が必要なとき、カップ形砥を使って両センター作業、チヤック作業による側面研削加工が行われる。被削面は通常図 1.19 の様な三種類の模様（条痕）ができる。

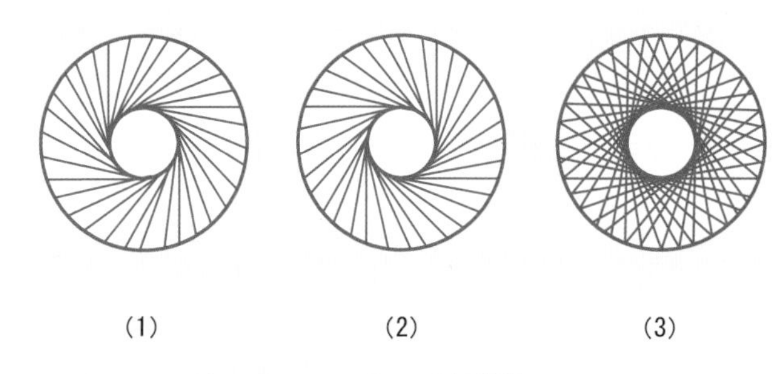

図1. 19　カップ形砥石による側面研削模様

著者１冊目『円筒研削盤作業』（金型・治工具・試作部品加工）第２章図2. 4引用

研削加工面の平面精度を得る目安としては、図 1.19 の（3）の模様を作ることである。この模様を作るためには両センター作業に於いては、心押し台の心高を調整し、チャック作業に於いては主軸台の前後の傾きを調整する必要がある。

新品の機械は、主軸側より心押し側の心が高い傾向にある。逆に老朽の機械は、摺動面摩耗により心高が低い傾向となる。従って、両センター作業の場合もチャック作業の場合も安定したアヤメ条痕作りは難しい。

アヤメ模様作りを容易にするための一方法としてテーブルの位置による特定の心高を見定めておき、その分を調整するというやり方がある。具体的には主軸台をテーブル端に固定（図 1.20 参照）し、ワークピース全長がＬのとき、心押し台前部(ここでいうテーブルの位置(図 1.20))の底にＬに見合った特定厚さのスペーサーを履かせるのである。

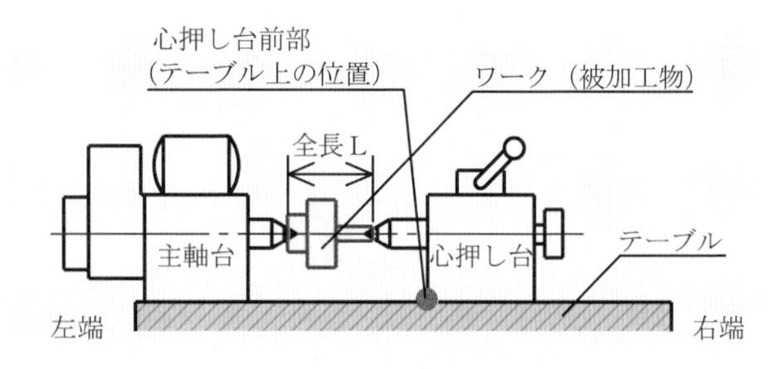

図1.20　テーブル上の、心押し台前部の位置を示す図

表 1.6 は、TUGAMI T-UGM350 に用いられた心高調整スペーサー厚選択早見表である。

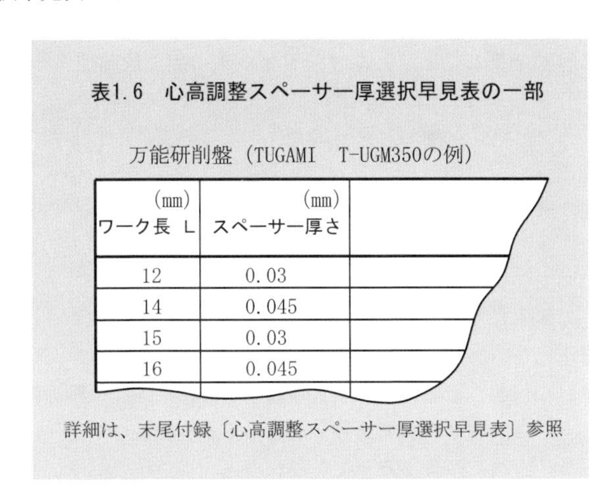

表1.6　心高調整スペーサー厚選択早見表の一部

万能研削盤（TUGAMI　T-UGM350の例）

(mm) ワーク長 L	(mm) スペーサー厚さ	
12	0.03	
14	0.045	
15	0.03	
16	0.045	

詳細は、末尾付録〔心高調整スペーサー厚選択早見表〕参照

1.5.2　心高調整スペーサー厚選択早見表の作り方

予め右にワーク全長、左隣りにスペーサー厚の欄を設けた 1.6 を作成しておく。次に実作業を行って、アヤメ模様が出来たときの全長と、その時使用したスペーサーの厚さをその都度記録する。

金型、治工具、試作部品加工に於いては、ツバ付き形状の部品が多いので比較的短期間のうちに表が出来上がってしまう。したがって、テーブル面の歪み（凹凸）の全体像も、表が出来上がっていく過程の中で捉えられていく。

ただし、注意を要すことがある。それは両センター作業に於ける主軸と心押しの心高はそれぞれのテーブル上の位置で変わるものであるから、まず、テーブル上の主軸台の位置（図 1.20 参照）を決めてから始めるのがよい。

1.5.3　表の使い方

まず、各厚さ10、20、30、40、50、100μmのスペーサーを用意しておき、表1.6に示す全長Lに該当したワークピースの加工依頼があったとき、Lに対応するスペーサーの取り出しが出来る様にしておく。

次にワークピースを両センターにセットしてみて、心押し台の位置をマークする（心押し台は仮クランプの状態にしておく）。ワークピースを一度取り外して、心押し台の底にスペーサーを挿入する。

正式にワークピースをセットしたら、心押し台固定ボルトの増し締めと、研削加工を交互に繰り返し、アヤメ模様が現れるまでこの操作を続ける。この操作については『円研シリーズ№1』にて詳細を述べているので参照されたい。

心しておくべきことは、円研加工の基本は最初に端面研削の幾何模様を観察し、心高段取りの出来具合を確認してから加工をスタートさせることである。表はこの考え方で生かされる。

1.6 アヤメ模様（研削加工条痕）

1.6.1 アヤメ模様創製のための対策表

万能研削盤に於ける側面研削加工で創製しようとしているのは、アヤメ条痕（図 1.19（3））であるが、カップ形砥石による研削加工でできる模様は図 1.19 の他に表 1.7 の様なものがある。

きれいなアヤメ模様を作るための条件は、基本的には心高調整にあるが、それのみではない。砥石成形のできばえとか、ワークピースのセンター穴の良否、砥石の切れ味、砥石の面振れ、主軸の回転数、切り上げのタイミング等々、それらの良好な条件が絡みあって創製されるのである。

求めようとする模様が得られなかったとき、その対策として目安になるものを示したものが、表 1.7 のアヤメ模様（研削加工条痕）作りのための対策表である。

表1.7　側面研削模様の不具合とアヤメ模様創製のための対策表

パターン	出来上がった模様（条痕）の不具合	要因	対策
1		両センター作業の場合─心押し側が低い チャック作業・コレット作業の場合─主軸台の先端部が低い	心押し台先端部の底にスペーサーを挿入、心押し側ワークの心を上げる、または主軸台尾部の底にスペーサーを挿入、ワーク主軸側の心を下げる
2		上記逆	上記逆
3		砥石エッジ摩耗により、エッジの鋭利さがない	ドレッシングあるいはツルーイングによりエッジを鋭くする
4		砥石成形不良（砥石側面の一部に凸部あり） エッジ部欠け 砥石の振れ	砥石外周と側面（エッジ部とニゲ面）を成形する
5		本質的にはパターン1と同じ 主軸の回転が早い 切り上げが遅い	パターン１、２と同じ
6		回転が遅い 切り上げが早い	回転を早くする。ただし､回転を上げて模様がパターン1あるいはパターン2になるときは、1、2と同対応を取る
7		センター穴が真円でない	センター穴研削加工をしてセンター穴を真円にする。回転を上げ切込み量を多くし、技能的に切込み切り上げの速い連続操作を繰り返し、全面アヤメ模様に近づける姑息なやり方もある
8		ケレー空回り	ケレーを締め直す
9		砥石の目詰まり、目つぶれ、目こぼれ	ドレッシングあるいは、ツルーイングを行い、砥石のエッジを鋭利にする

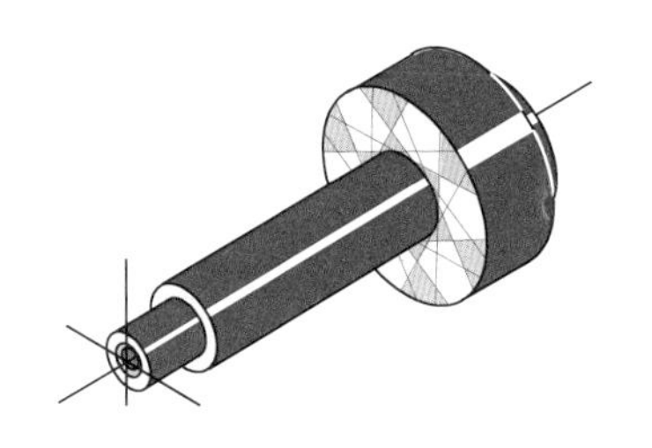

表 1.7 パターン 4 の補完図。品名ツバ付ピン（全長 35㎜、径 ϕ 25、材質 SKS3）の側面研削加工に係る不具合例。砥石成形形状が加工限界にきていた砥石(砥石逃げ底部に突起の出っ張りがあった)で加工に入ってしまった。砥石エッジと出っ張り部両者の同時研削により、カンカンカンという音が出て削られ、研削面は星模様になってしまった。

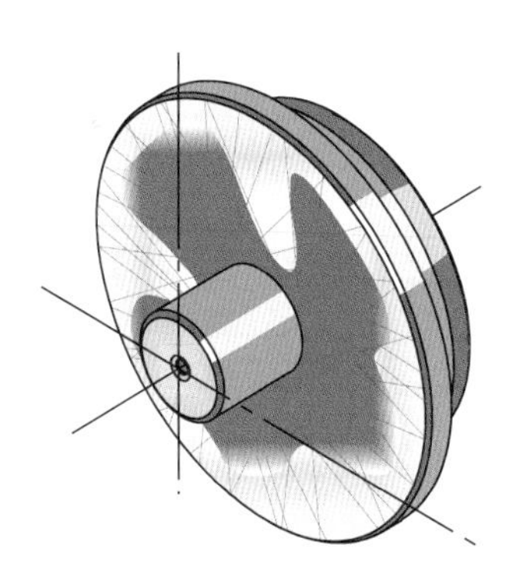

1.7 パターン 9 の補完図。品名センターフランジ（全長 70㎜、最大径 ϕ 117、材質 SKD11（ダイス鋼焼き入れ品）の側面研削加工に係る不具合例。材質が硬く、砥石エッジが摩耗・目詰りし黒皮が残り、研削加工上の不具合が生じた。

表1.8　アヤメ模様に関する調査記録

『円研シリーズNo.1』〔研削条痕:アヤメ模様の創製（2004. 12. 2）引用〕

〈アヤメ模様のトラ

月/日	テストピース			加工条件とアヤメ模様				
				研削条件				
	オーダーNo.	品名	形状・寸法	回転	切込	ドレッシング	その他	模様
2/18	—	—	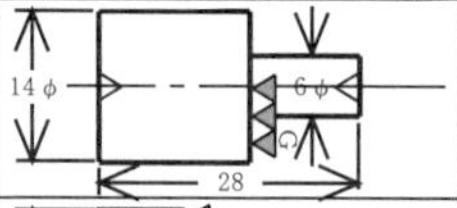 14φ 6φ G 28	400				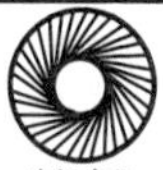 光沢有り
2/18	—	—	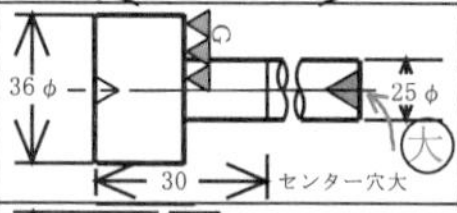 36φ G 25φ 大 30 センター穴大	100				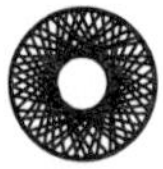
2/18	—	—	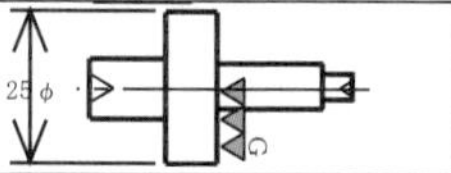 25φ G	200				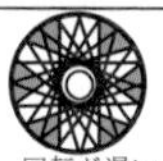 回転が遅い
2/18	—	—	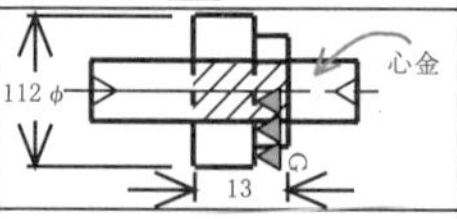 112φ 心金 G 13	100				
2/18	—	—	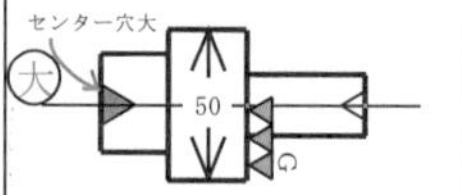 センター穴大 大 50 G	200				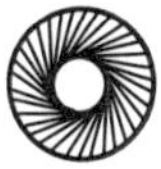
2/20	—	—	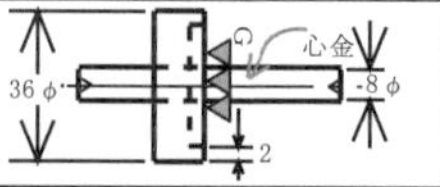 36φ G 心金 8φ 2					
/	—		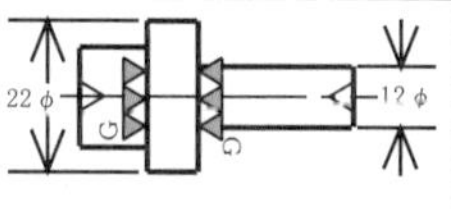 22φ G G 12φ	250		×	SKS ヤキイレ	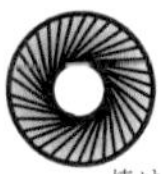 焼け

ブルと対策の結果〉

対策1と結果						対策2と結果						備考
研削条件				模様	効果	研削条件				模様	効果	(対策時要因として考えられたこと)
回転	切込	ドレッシング	その他			回転	切込	ドレッシング	その他			
200				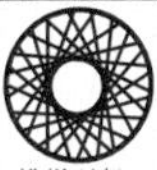 模様が粗い	○	250				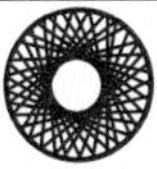	◎	※センター穴の大小は、必ずしもクロス模様に関係ないようである。 L=30の間の円筒度0.015。 〈判ったこと〉 クロス模様は平行出しが絶対条件ではない。 ※砥石の外径をドレッシングすれば角が鋭く且つ外周とサイドが直角になっていると考えられる。従って被削物の円筒度(平行)が出ていなくともクロスするのでは?
300					◎							
50				 左同								※砥石目詰まり ※切り込み量小 ※心金等が考えられる。 ※回転数変更による効果無し。
100				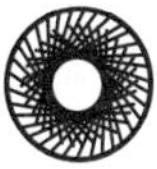	○							
50		×		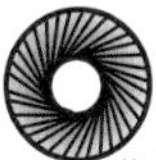 焼け	×			◎		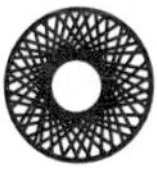	◎	※両面ともクロスせず。 ※対策2(砥石側面、外周のドレッシングによりエッジを鋭く成形) 円筒度0.02(φ12)に関わらず最良のアヤメ模様となる。

1.6.2　表の作り方

加工時に得た加工条件や対策の泥くさいデータ（数値や絵等）、その効果の記録等の整理から始める。整理されたデータを可視化に繋がる発想で展開し、フォーマットを企画、グラフや絵で可視化する。

具体的には類似・共通する特性値・模様を掴む解析の形で進め、効果が見込める絞り込みで進める。

データはフォーマットにプロット、全体の傾向を掴む。調査と整理に費やされた時間は、条件に係る因果を裏付ける貴重な技術資料となる。

1.6.3　表の使い方

アヤメ模様創製の理屈は、初心者の理解し難い現象である。それ故その対策に苦慮することが多い。対応策の一つとして図1.21を活用出来れば便利である。

しかし、経験者はそうであってはいけない。表1.7を不具合模様を作らないための戒めのソフト（道具の一つ）として常備しておくべきものとしたい。

1.7　アヤメ模様に関する主軸回転数

1.7.1　主軸回転数選択早見図

アヤメ模様作りの基本条件としては心高調整（主軸と心押しの心を等高にする）がある。しかし、日常業務の中では、見積もり時間が絡んでいるので、心高調整にばかり時間を費やしている訳には行かない。

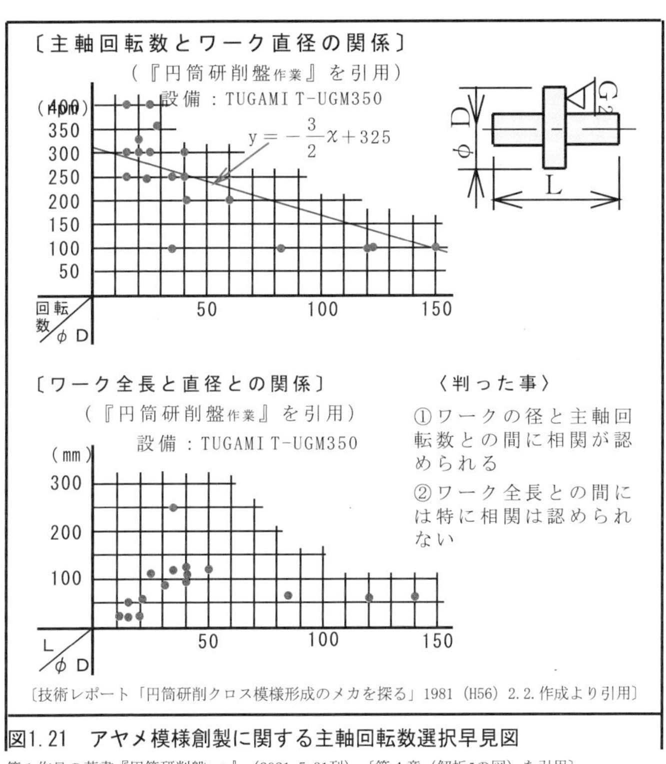

図1.21　アヤメ模様創製に関する主軸回転数選択早見図

第１作目の著書『円筒研削盤作業』（2021.5.31刊）〔第４章（解析5の図）を引用〕

アヤメ模様創製のもう一つの方法は、主軸回転に切り込み量と切り上げのタイミングを合致させる技能的なやり方がある。即ちスパーク中(火花が出ている）のワークから素早く砥石を離す（逃がす）やり方である。しかし、作業者には、技能の程度により作業動作に限界があるから、スパーク研削をするには主軸回転数（ワークピース直径に対する）を選ぶ必要がある。図 1.21 は側面研削加工におけるスパーク研削に都合の良い回転数を拾い出す目安に使える。即ち、当図はアヤメ模様創製に資する早見表に代わる主軸回転数選択早見図である。

1.7.2　主軸回転数選択早見図の作り方

まず、縦に主軸回転数、横にワークピース外径（ツバ径）の欄を設けた様式のグラフを用意する。

次に、表 1.8 を利用してアヤメ模様づくりの調査、記録を行う。そして、良好なアヤメ模様が得られたときの研削加工条件（①主軸回転数と②ワーク外径）を拾い上げ、図 1.21 のグラフにプロットする。図 1.21 は、TUGAMI T-UGM350 万能研削盤における〔1980（S55）2.14~4.29〕調査データの記録に基づくものである。

グラフから次の式（11）が得られた。

$$y=-\frac{3}{2}\chi+325 \quad \cdots \quad \text{式（11）}$$

$$\text{但し、}\begin{cases} y=r.p.m \\ \chi=\phi D \end{cases}$$

この式を基に、主軸回転数（rpm）とワーク径 ϕ D をマトリックスにした早見表を作成してもよい。作業者に都合のよい形式のものにするとよい。

1.7.3 主軸回転数選択早見図の使い方

側面研削加工を行う場合は、まず、ワークピースの外径（図 1.22 参照）を測り、この径に見合った主軸回転数を選択する。

削ってみて焼けが発生したり、研削連携動作がついて行けず、アヤメ模様が創製出来ないときは、選択した主軸回転数の前後（遅くしたり、早くしたり）に若干の調整をしてみるとよい。

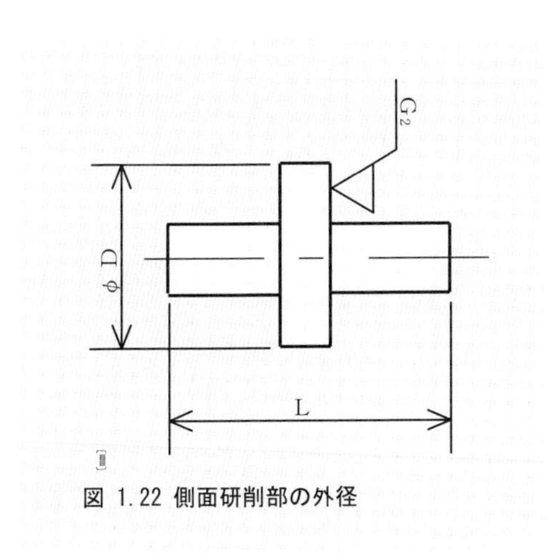

図 1.22 側面研削部の外径

1.8　研削加工面粗さ

1.8.1　ドレッシングスピードと研削加工仕上げ面粗さの関係図

ドレッシングスピードと研削加工仕上げ面の関係が明らかにされているとすれば、研削加工の作業上、非常に都合のよいことである。

図 1.23 が示すグラフは、面粗さとドレッシング送りピッチの関係を示したグラフである。

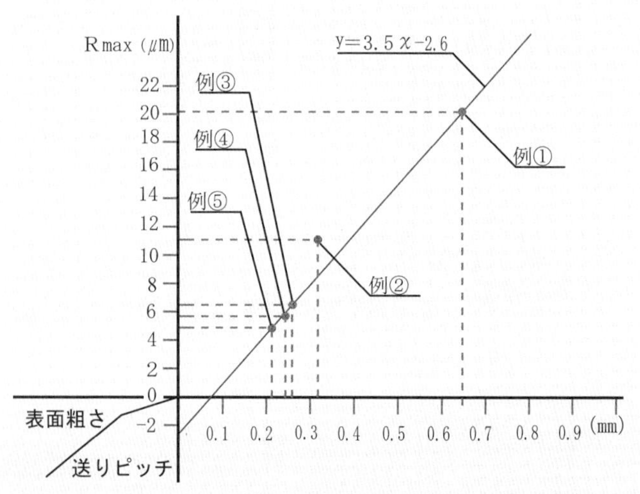

図1.23（図1.24テストピース表面粗さ6.3ε創出の際の、模索データによる表面粗さとドレッシング送りピッチの関係）

このグラフを用いることによって、幾らのドレッシングスピードにすれば仕上げ面粗さ仕様を満たすことが出来るのかとか、研削加工条件を容易に設定することができる。

1.8.2 ドレッシングスピードと研削加工仕上げ面粗さの関係図の作り方

研削加工面粗さと錆の関係を調べるために計画、実施された材質 $SUS420J_2$ に関するパラメータ設計仕様（図 1.24 に面粗さが指定されている）に基づく研削加工〔1990.（H2）12.16~1991.（H3）1.11〕の模索の過程の中で出来上がった事例を述べることにする。

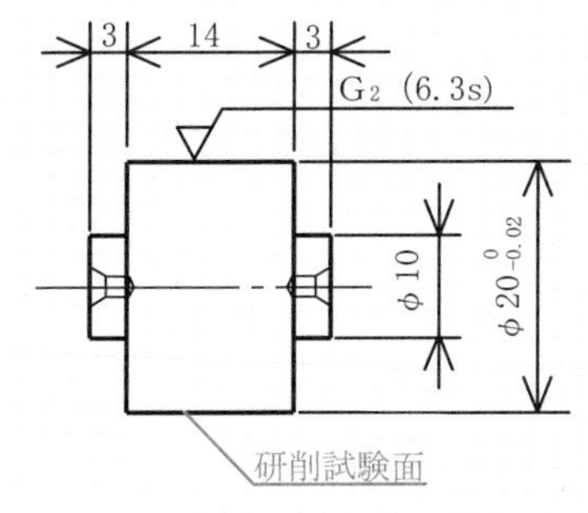

・SUS420J2
・硬度：HRc49～53

〔1990（H2）. 12. 16～
1991（H3）. 1. 11〕

図1. 24　テストピース形状と材質

まず、ドレッサーを図 1.25-1/2 の様に段取りを行う。

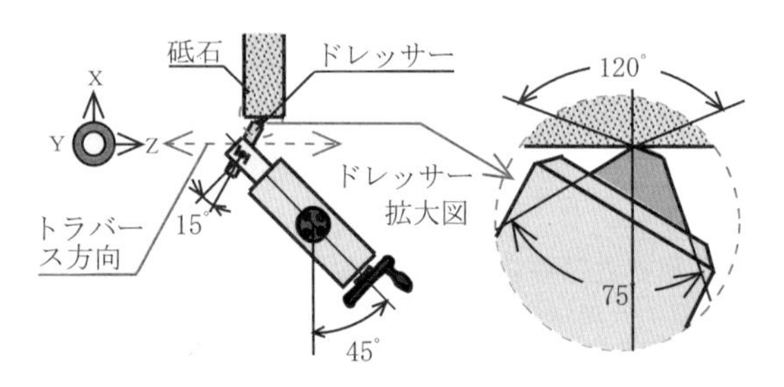

図1. 25-1/2　ドレッサー段取り図

次に表 1.9 の様にドレッシング切り込み量と研削送り速度を決め（技能的勘による）、一方向ドレッシングを行う。送り速度は後で送りピッチ（送りmm / 砥石軸 rev.）に置き換える。

表1. 9　ドレッシング送り速度と面粗さ

テスト No.	ドレッシング送りスピード		砥石 (mm/rev.) 送りピッチ	結果（仕上げ面粗さ）	
	ノブの目盛	(mm/min) スピード		(μm) Rmax	(μm) Rz
①	9. 5	1, 086	0. 65	→ 20. 17	15. 23
②	7. 0	540	0. 32	→ 11. 06	9. 80
③	6. 3	435	0. 26	→ 6. 44	5. 509
④	6. 1	405	0. 24	→ 5. 775	5. 019
⑤	5. 8	363. 5	0. 22	→ 4. 900	4. 070

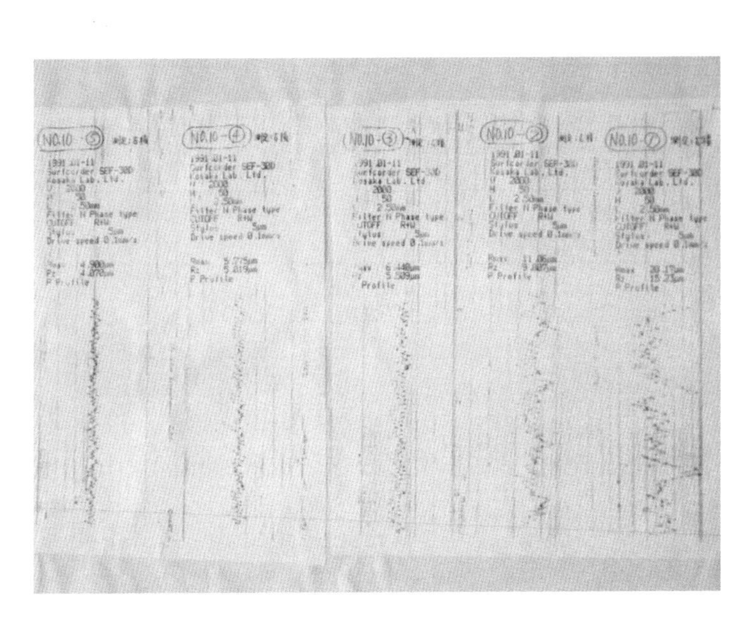

図1.25−2/2　面粗さデータ

ドレッシング送り条件と表 1.10 の条件設定がそろったところで、自動プランジ研削加工を行う。

表1.10　研削加工条件

条件	内容	備考
砥石	57A80HV	
砥石回転数・周速	1,670rpm　2,000m/min	周速比:1/245
ワーク回転数・周速	130rpm　8.16m/min	
自動プランジ切り込み速度	粗削りノブ目盛（5）…φ1.108/min 中削りノブ目盛（4.5）…φ0.355/min	スパークアウトタイム:3秒

次に図 1.25-2/2 の様に面粗さを測定し、表 1.19 に結果を記録する。

図 1.23 で示した様に縦に面粗さ（Rmax）、横に送りピッチを目盛ったグラフを作成し、表 1.9 の数値（送りピッチに対応した表面粗さ）をそれぞれプロットすると、ドレッシングスピード（送りピッチ）と仕上げ面粗さの関係図が出来る。同時に次式が得られる。

$$y = 3.5\chi - 2.6 \quad \cdots\cdots \text{式 (12)}$$

但し、y＝表面粗さ（μm）

χ＝送りピッチ(mm/rev.)

1.8.3　表面粗さ特性グラフ（ドレッシングスピードと研削加工仕上げ面粗さの関係図）の使い方

図 1.23 に示したグラフは目的の面粗さを追求する結果として出来上がったものである。このグラフは材質 $SUS420J_2$ とプランジ研削加工に限定したもので、材質別、形状別、研削方式別（プランジ、トラバース、側面研削加工 etc.）、砥石別等の特性を数多く蓄積すれば、フレキシブルに活用出来るのではないかと考えている。

1.8.4 鏡面研削加工の面粗さとドレッシングピッチ、研削送りスピードの参考データ

砥石（ϕ 400）EK320B5、砥石回転（1,670rpm.）被削材 SUS420J_2 (HRc50~55)、円筒トラバース研削加工の条件で、過去に表 1.11 に示す数値を記録している。

表1.11　研削仕上げ面粗さ（鏡面）に係るドレッシング送りピッチおよび研削加工送りスピードとの関係事例

ワーク径	ドレッシングスピード（送りピッチ）			研削加工送りスピード		面粗さ (μm)(Rmax)
	ノブ目盛	ドレッシングスピード(mm/min)	送りピッチ(mm/rev.)	ノブ目盛	送りスピード(mm/min)	
φ40	1.8	19	0.011	2	41.4	0.3
φ40	1.8	19	0.011	2.5	57.0	0.25
φ14	1.3	5.5	0.003	1.5	14.0	0.2
φ14	1.8	19	0.011	1.5	14.0	0.25～0.3
φ14	1.5	14	0.008	3	85	0.2
φ20	1.5	14	0.008	2.5	57	0.4～0.55

また、ドレッサーの形状は図 1.26 に示すものであった。

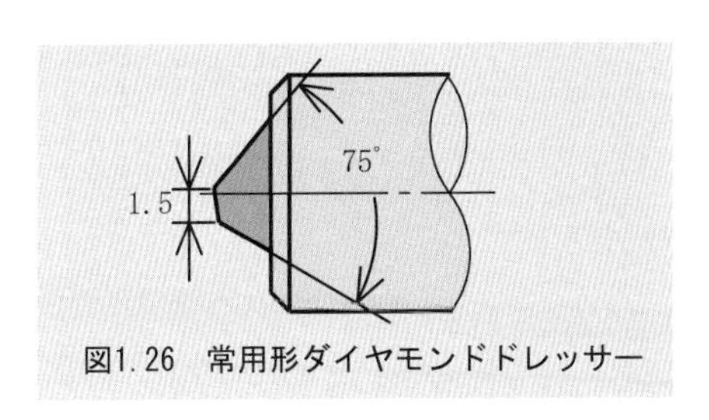

図1.26　常用形ダイヤモンドドレッサー

第２章　機械特性を掴む

2.1　主軸回転精度（Studer-S30 万能研削盤の特性）

2.1.1　主軸回転精度

主軸の回転精度は、その機械の優秀性を誇る一つの性能上の特性とみることができる。

精密加工においては、機械のもつ精度（ここでは特性と考える）を被削物に転写して、高精度の品物の作り込みを行う。また、この精度を生かして、真円度の代替測定に用いられることもある。

Studer-S30 の主軸回転精度は 0.1㎛が保証されている。この件については、加工物の真円度を測定し評価する方法をもって検証〔1988（S63）.7~1989（S64）.1〕することになった。加工物は再度に亘って加工され、また、測定も再三に亘り、東北リコー㈱、県工業技術センター、リーベルマン海外㈱、リコー厚木事業所で行われた。検証は長期に亘ったが、リコー厚木事業所の測定により図 2.1 が得られ実証された。

主軸回転精度 0.1㎛保証に係る調査・検証ついては、生産技術２課安部隆雄課長技師に負うところが大であったことを申し添えておきたい。

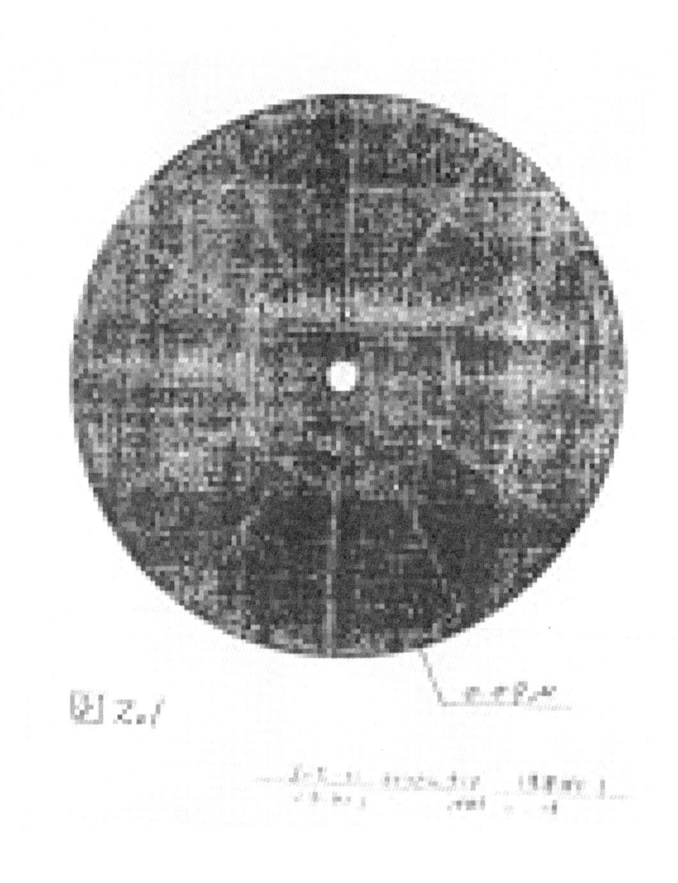

図2.1　Studer-S30　スピンドル　データ　（基準側　0.09μm）

〔1989. 1. 19〕

2.1.2　Studer-S30 主軸回転精度の確め方

主軸回転精度の確め方としては幾つかの方法がある。

Studer-S30 の場合は、マスターを削り、マスターの真円度を測る、いわゆる代替評価法をもって行った。

まず、図 2.2 に示す円研治具を製作し、これを主軸にセットし、次いで円研治具に被削物を取り付け、ワッシャを介在させ、ネジで締結する。次いで固定したマスター（被削物）を表 2.1 の条件で研削加工する。

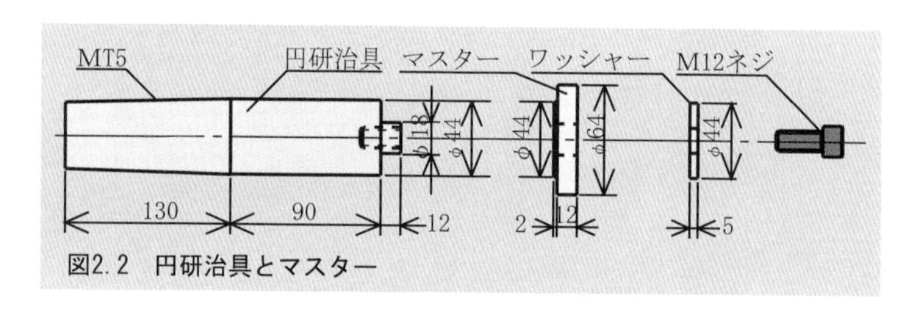

図2.2　円研治具とマスター

研削加工されたマスターは、治具から外され、真円度測定器に掛けられ真円度の測定がなされる。2.1.1 で既に述べてきたが、㈱リコー厚木事業所の測定で 0.09μmが得られ、主軸回転精度が 0.1μm以下であることが確認された。

表2.1　研削加工条件

研削加工条件	
砥石周速度	2,000m/min
ワーク回転数・周速度	130rpm、26.12m/min
砥石ドレッシングスピード	85mm/min、送りピッチ0.05/rev.
研削加工方式	プランジカット（X軸微調節ノブ）
設備	Studer-S30

〔1988（S63）.11.14初回の例〕

2.1.3 主軸回転精度の生かし方

主軸回転精度の威力は、チャック作業における内外研加工の際に発揮される。

図 2.3 は動圧軸受けの内面研削加工の段取りの一部を示したものである。内研物はこのような治具にセットされることになる。外研は図 2.2 の段取りで研削加工が行われる。

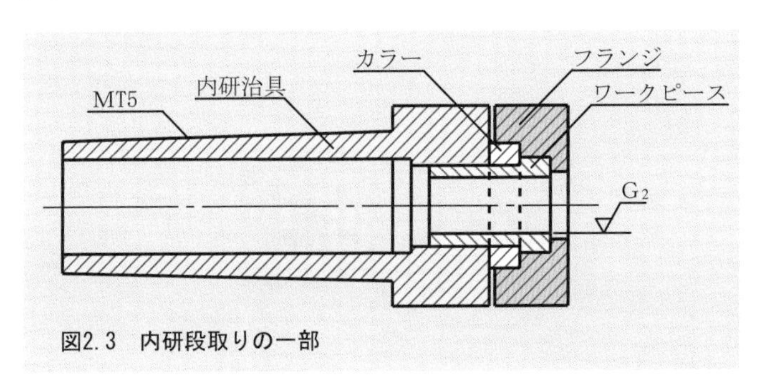

図2. 3　内研段取りの一部

内研加工直後、段取りを外さず、そのままの状態で振れに係る機上測定を行う。図 2.4 は内面加工後治具からワークを取り外さず、振れ測定している段取り図であり、主軸精度を生かした振れ測定(簡便法)である。

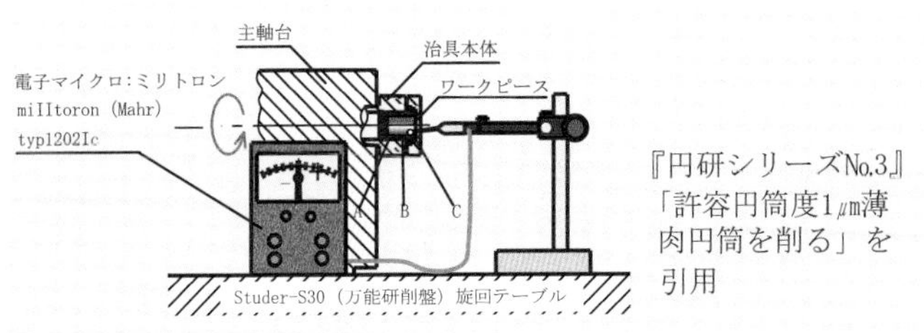

2. 4　内面円図周振れの測定段取り

2.2　主軸回転数の把握（Studer-S30）

2.2.1　主軸回転数早見図

主軸回転数は、ワークピース（被削物）の切削速度を始めとする研削加工条件を計算したり、その条件を再現する上で重要な意味をもつ。Studer-S30 では、基本的には、4 段掛け替え方式（図 2.5）で 60rpm、130rpm、280rpm、600rpm の 4 回転数が得られる仕組みになっている。

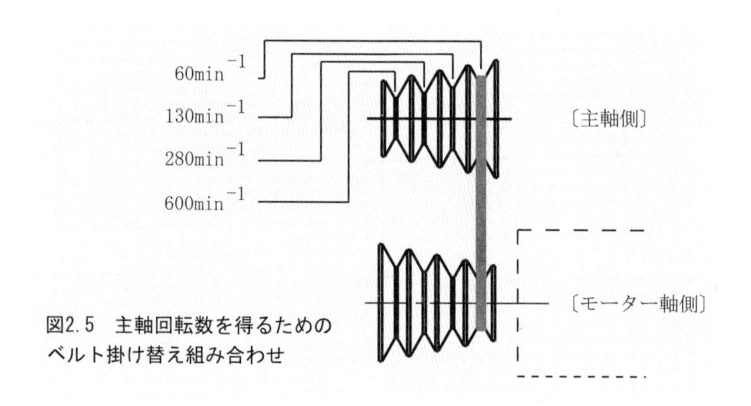

図2.5　主軸回転数を得るための
ベルト掛け替え組み合わせ

しかし、インバーターを組込むことにより無段変速が可能となり、必要とする回転数が得られることになる。だが操作パネルに表示されている無段変速調整ツマミ表示（図 2.6）の数値とは一致しなくなる。

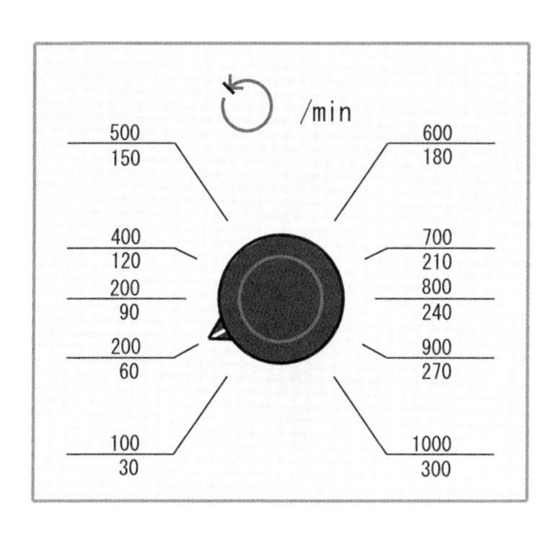

図2.6　無段変速調整ツマミ表示

この不具合をどのような形で解決し主軸回転数を把握すればよいのか、ベルト掛け替えとボリュームツマミ位置の絡みの中で、回転数の関係を明らかにする必要がある。図 2.7 はツマミ位置によって得られる回転数を表した図である。

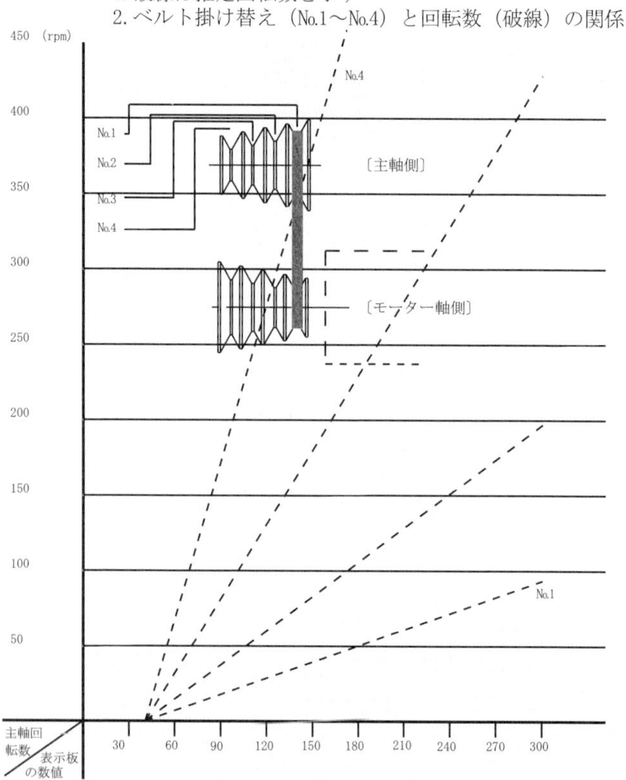

図2.7　ツマミ位置と主軸回転数の関係図

2.2.2 主軸回転数早見図の作り方

まず図 2.5、図 2.7 に示している№ 1 のベルトの掛け替えを行う。次にボリューム目盛（ツマミ位置が示す図 2.6 の数字）30 のとき、60 のとき…というように主軸を回転させ、目視でその時の回転数を数える。その回転数を表 2.2 のデータシートに記録すると一連の回転数の数値が得られる。同様のやり方で№ 2、№ 3、№ 4 について行い記録を取る。

表2.2 主軸回転数測定データ

ツマミ位置と操作盤の主軸回転数	測定した主軸回転数
30	0
60	8
90	18
120	30
150	41
180	50
210	62
240	74
270	84
300	95

生産技術1課金子氏と共同測定
〔1989（H1）.5.30〕

次に、図 2.7 の様式（縦に回転数、横下にツマミ目盛）を作り、ボリューム目盛に対応する回転数をプロットし、各点を結び繋ぐと出来上がり（図 2.7）である。

その後、デジタル回転計が取り付けられ、主軸回転数がデジタル表示（図 2.8 参照）される様になってからは、主軸回転数早見図は不用となった。この様な経緯を踏み今日に至っている。

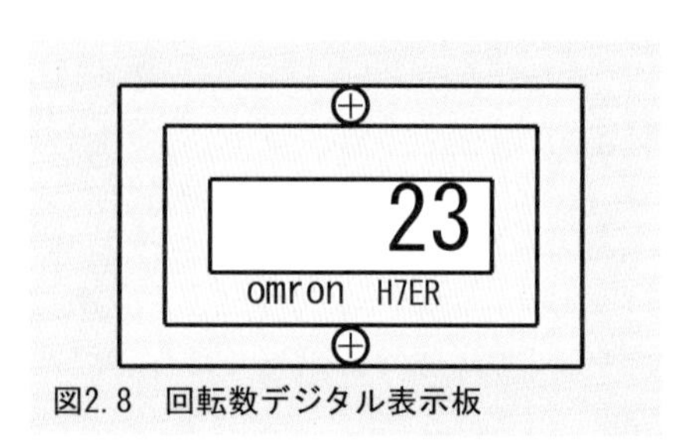

図2.8　回転数デジタル表示板

デジタル回転計の取り付けができていない場合は、研削加工条件の設定や条件の再現のために回転数早見図を作成しておくことをお奨めしたい。

2.2.3　主軸回転数早見図の使い方

要は、必要とする主軸回転数を得るために使うことにある。従って、まず自分が得ようとしている回転数に見合ったベルト掛け（図 2.5）を行うことから始める。

次いで行うことは、安全のための無段変速調整ツマミを反時計回りに一杯に回し、回転を０にしておく。

次いで早見図よりツマミ位置を選択する。回転スイッチを入れる(ONにする)。ツマミを徐に回転し、選択しておいた表示盤のツマミ位置に合わせる。この回転は、予め決めておいた回転数と一致する。

2.3　砥石台前進位置、繰り返し特性（Studer-S30）

2.3.1　砥石台前進位置繰り返し特性図

図 2.9 は、砥石台の前進、後退操作を繰り返し行うことで生ずる「急速前進位置、微小前進位置、微小前進時間、1 サイクル時間」のバラツキや変化を、40 回（50 分間）に亘り測定し、時系列でグラフ化したものである。

この図が示す処から Studer-S30 は、砥石台が前進する際にはスティックスリップ現象が起き、経時に伴い砥石台定着位置の変移現象が認められたことから、砥石台位置設定（又は、切り込み位置と置き換えてもよい）に関しては、二つの特性があることが判った。

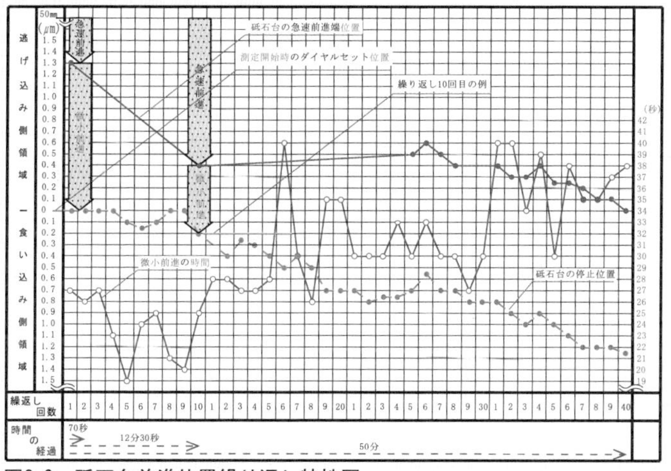

図2.9　砥石台前進位置繰り返し特性図
『円研シリーズNo.2』〔要求仕様 φ 1μm公差のパーツを研削する〕を引用

2.3.2 「砥石台前進位置」特性図の作り方

図 2.10 のように砥石台の前面部に Mahr-Supramess0.5㎛ /Div. を

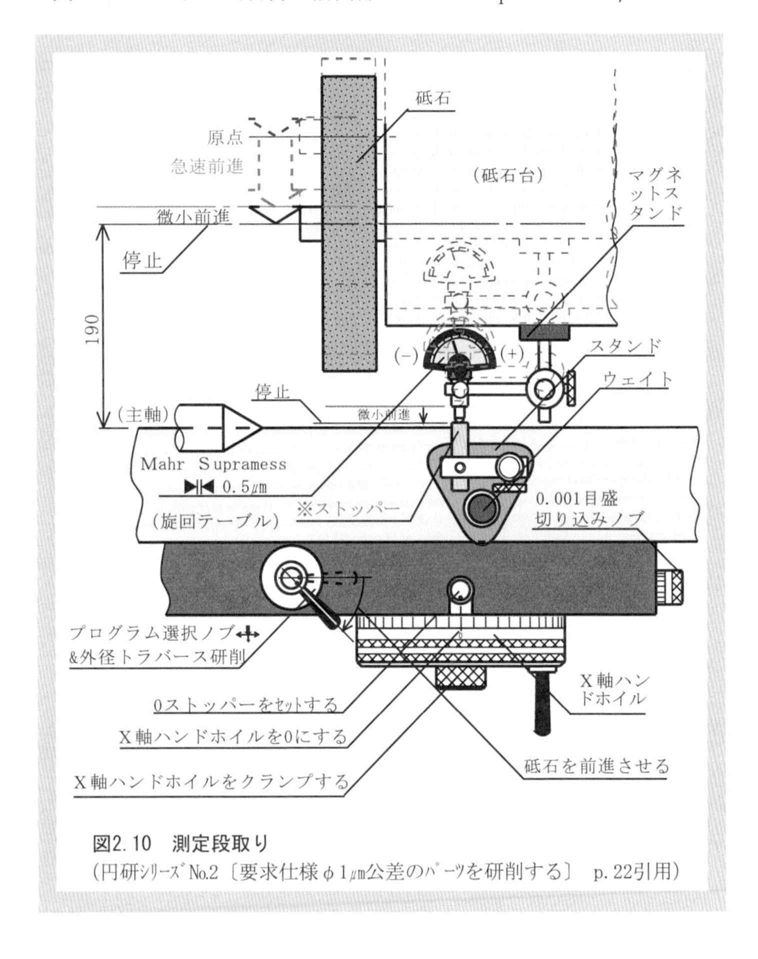

図2.10 測定段取り
(円研シリーズ No.2〔要求仕様φ1μm公差のパーツを研削する〕 p.22引用)

セットし、テーブル上に測定端子をあてるための※ストッパーを取り付け、測定準備を行う。

次に、図 2.11 に示す砥石台前進・後退レバーを操作して、砥石台を前進させる。急速前進が終わると、同時にマイクロスイッチが働いて「カチャッ」という音が鳴る。この音を合図に、微小前進が定着するまでの時間と定着位置（図 2.10 が示す Mahr-Supramess の指針が動かなくなったときの目盛位置をもって判断する）を測る。この要領で測定値を表 2.3 のようにデータシートに記録する。記録が済んだら砥石台をバックさせ、その状態で 20 秒（作業のタイミングから設定したもので、理論的な根拠に基づいたものではない）放置し、再び砥石台を急速前進させる。このやり方で 40 回繰り返して行う。図 2.9 は総計 50 分であったから、平均時間は、「75 秒 /1 サイクル」の計算になる。

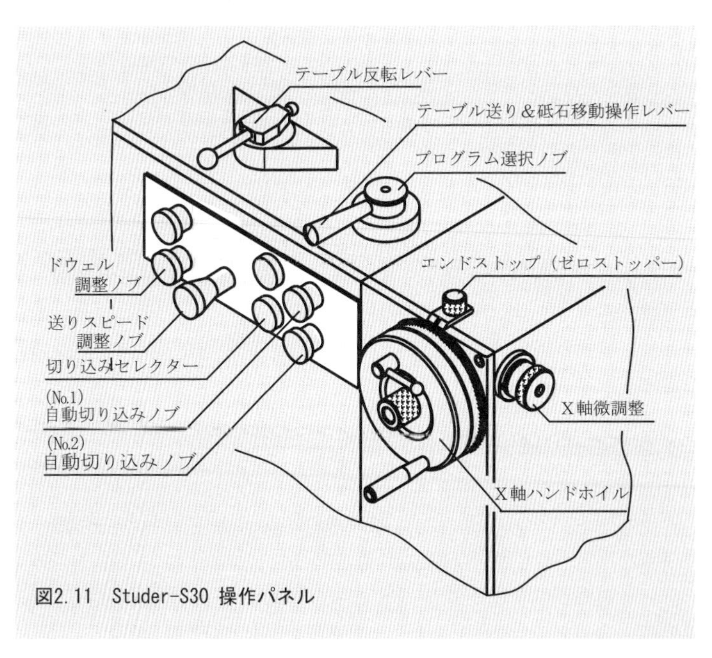

図2.11　Studer-S30 操作パネル

表2.3　データシート															
急速前進（早送り速度）、微小前進（微小速度）の　繰り返し操作に伴って生ずる砥石停止位置（砥石外周の前部）の変位（及び変移）と所要時間（秒）の調査															
〔調査:1989（H1）.3.28〕															
経過（順）	急速前進（μm）※1	時間（秒）※2	停止位置（μm）※3	経過（順）	急速前進（μm）※1	時間（秒）※2	停止位置（μm）※3	経過（順）	急速前進（μm）※1	時間（秒）※2	停止位置（μm）※3	経過（順）	急速前進（μm）※1	時間（秒）※2	停止位置（μm）※3
1	-1.5	27	0	11		28	+0.3	21		30	+0.7	31	-0.4	40	0.8
2		26	0	12		28	+0.4	22		30	+0.8	32	-0.3	40	0.9
3		27	0	13		27	+0.25	23		30	+0.75	33	-0.3	39	1.0
4		23	0	14		27	+0.3	24		33	+0.75	34	-0.4	39	0.9
5		18	+0.1	15		28	+0.4	25	-0.5	30	+0.7	35	-0.25	38	1.0
6		24	+0.15	16		40	+0.5	26	-0.6	33	+0.65	36	-0.25	38	1.1
7		25	+0.1	17		30	+0.4	27	-0.5	30	+0.7	37	-0.2	35	1.2
8		21	0	18		26	+0.5	28	-0.4	30	+0.7	38	-0.1	35	1.2
9		20	0	19		33	+0.7	29		27	+0.8	39	-0.1	37	1.2
10		25	+0.2	20	-0.4	33	+0.7	30		30	+0.8	40	0	38	1.25

※1　急速前進させたときの砥石の位置（ダイヤルゲージ指針の読み値）。グラフ図2.9参照
※2　微小前進の時間経過を（秒）で示す。
※3　砥石台が停止した位置を示す（ダイヤルゲージ指針の読み値 ）。グラフ図2.9参照
※　順に要した時間は各75秒。〔調査:1989（H1）.3.28〕に基づく。グラフ図2.9参照

このデータをもとに、図2.9縦の欄にSupramessの読み値と微小前進時間をプロットし、それぞれの点を連絡する。そうすると時間経過に対応した急速前進位置の変化並びに微小前進位置の変移、微小前進時間の変化が描ける。

2.3.3 「砥石台前進位置」繰り返し特性の生かし方

特性をまとめてみると、①急速前進終了後も0.5μm～1.5μmの微小前進がある。また、②微小前進の所要時間は、18秒～40秒の幅をもって行われている。③テストを開始してからおおよそ11分の間は、微小前進位置の繰り返し精度がよいが、④経時と共に砥石台は前進し、かつ、

微小前進時間が長くなる傾向がある。

この特性を次のように研削加工に応用している。切り込みの標準化—急速前進終了（マイクロスイッチが鳴る）後、30秒経ってから、X軸微調整（φ 1μm）の切り込みを行う。トラバース研削加工条件—継続時間は10分以内とする（片側トラバース、往復トラバースとも総計10分以内）。微小量手動切り込み（砥石台のX軸微小量切り込み）は以後に示す2.4のところで述べる「切り込み特性」と合わせて使う。上記項目の応用例としては、φ 1μm、φ 1/2μm、φ 1/4μm公差の寸法出しや、鏡面研削加工の場合に用いる。トラバース時間の長く掛かる長尺物の事例として電鋳母型（材質SUS304）の円筒研削加工がある。

2.4　切り込み特性（Studer-S30のφ 1μm/Div. 目盛、X軸微調ノブ）

2.4.1　X軸微調ノブの切り込み特性

図2.11が示す右端にあるノブが、Studer-S30の「φ 1μm/Div. 目盛のX軸微調ノブ」である。このX軸微調ノブによる切り込みを行うときには、切り込みを行って（X軸ハンドルを回して所定量の切り込みを行う）から6秒程度の経過時間（砥石台が目的とする所定の位置に到達するまで）の、切り込みの特性を十分に機能させるために行う、いわゆる時間の貯めを効かすというノウハウである。

常時行っている作業の中から得た技能的な捉え方によるノウハウ（確かな記録データはないが）を見込むことが必要である。即ち、ノブを回し、切り込みの操作を行ってから、砥石台が前進・定着するまでの時間（6秒を）見込むというわけである。X軸微調ノブによる微小切り込みに際してのこの認識は非常に大事な考え方で、6秒の経過時間の認識無くして切り込みを行うと、研削加工の仕上がり寸法に重大な影響を与えてしまう場合がある。特に、トレランスφ 1μm以下の寸法出し仕様の加工においては、寸法出しに係る品質確保上に致命的な結果をもたらす。

Studer-S30の研削作業では、この特性が砥石前進位置繰り返し特性と合わせて、切り込み操作上重要な意味を有している。

2.4.2 X 軸微調ノブの切り込み特性の認識

図 2.10 の測定段取りにて、X 軸微調による切り込みを行ってから、砥石台が定位置に届くまでの所要時間を測定する。

切り込み要領は、X 軸切り込みノブを φ 0.1 逆回転し（目盛を合わせる前に、大きく反時計回りに一回転して、バックラッシを除去する考え方）で、その後切り込み方向（X 軸微調ノブを一回転正転させる）X 軸切り込みノブの元の目盛に合わせ、切り込み、測定器（Supramess）指針が示す元の位置に再現するまでの時間を測定する。

再現に要する時間はほぼ 6 秒である。

2.4.3 切り込み特性を生かすための切り込み方法

現在に於いては、Studer-S30 で研削加工を行う場合、まず、砥石台を急速前進させ、砥石台が定着するのを確認してから切り込むという手順を踏んで行っている。

すなわち、トレランス φ 1μm以下の寸法出しの際には前節 2.3 のところで述べたとおり、急速前進定着 30 秒後に X 軸微調ノブの切り込みを行い、6 秒間経ってから送りを掛けるというステップ（抜かりない手順）を踏んで切り込み操作を行うやり方をベターとして励行している。

2.5 テーブル送りスピード（Studer-S30）

2.5.1 テーブル送りスピード早見表

表2.4 テーブル送りスピード早見表

ノブ目盛	送りスピード (mm/min)
0	—
0.1	—
1.6	15.7
1.7	17.3
1.8	19.0
4.6	214.8
4.7	225.6
4.8	236.4

表 2.4 がテーブル送りスピード早見表である。粗削りスピード、仕上げ削りスピード、ドレススピードなど研削加工条件の設定や加工条件の再現をする上で必要不可欠なソフトである。

送りスピード調整ノブ目盛（図 2.11、図 2.13 参照）は等分目盛で彫刻されており、目盛の手前には数字が記されている。

しかし、この目盛と数字はスピードそのものを示すものではないから、それぞれの目盛位置に対応したスピード（m/min、mm /min）を把握しておく必要がある。

図 2.14 からテーブル送りスピードを得て、スピードに対応したノブ目盛が判るようにしたのものが表 2.4 のテーブル送りスピード早見表である。

2.5.2 テーブル送りスピード早見表の作り方

まず、図 2.12 のようにテーブルとベースに紙テープを貼り、I マークを付ける。次にノブ目盛の切りの良い処に基線を合わせる。この準備が終わったらテーブル送りを掛け、時間（測定秒数）を測る（時間は送りを掛けた時からストップするまでとする)。次いで、送りを掛けたテーブル移動距離（I マークのズレの長さ）を測る。次に 1 分間当たりの移動距離に直して、この数値をデータ値とする。この要領で得たデータ値を表 2.4 に記録すると共に、図 2.14 のマトリックスにプロットする。当図は縦に送りスピード（㎜ /min）を設け、横下にノブ目盛を書き込んだ様式にする。

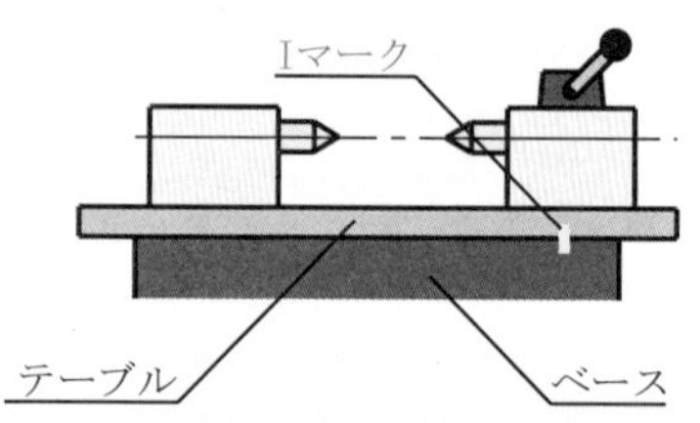

図2. 12　テーブル送りスピード測定に係るスタート時点の図

図 2.14 のノブ目盛とテーブル送りスピードの関係から、ノブ目盛 0.1 単位毎に対応する数値を拾い出し、表 2.4 を埋め尽くせば「テーブル送りスピード早見表」の出来上がりである。

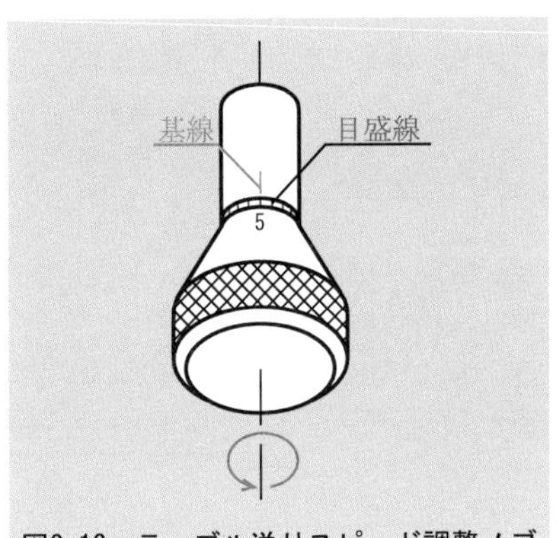

図2. 13　テーブル送りスピード調整ノブ

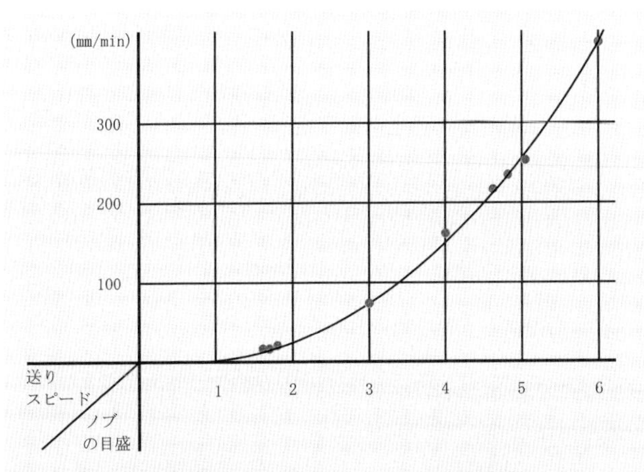

図2. 14　ノブの目盛とテーブル送りスピードの関係

2.5.3 研削加工送りスピードを設定する際の利用法（例）

①砥石幅 15㎜と決め、砥石を成形する（図 2.15)。

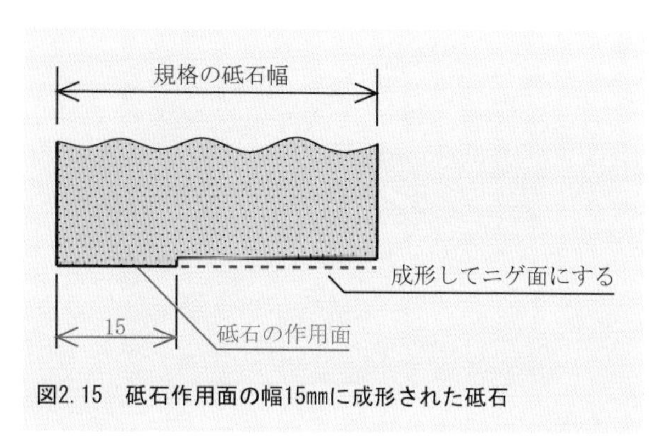

図2. 15　砥石作用面の幅15㎜に成形された砥石

②主軸回転数の設定。150rpm とする。
③テーブル送りは主軸 1 回転当たり砥石幅の 1/10 と決める。
…1.5㎜ / 主軸 1rev. となる。
④テーブル送りスピードを計算する。

研削送りスピード

＝主軸回転数×（送り/主軸1rev）…式（13)

＝150×1. 5＝225〔㎜/min〕

⑤表 2.4 の 225㎜ /min の近似値に対応するノブ目盛を探す
…該当目盛は 4.7 である。
⑥ノブを反時計回りに回し、ノブ目盛 4.7 を基線に合わせる。

2.5.4 ドレッシング送りスピード設定法の利用例

①砥石の送りピッチ（送り㎜ / 砥石 1rev.）を決める。
…0.01/1rev. とする。
②砥石回転数（Studer-S30）は 1,670rpm である。
③ドレッシング送りスピードを計算する。

ドレッシング送りスピード
＝砥石回転数×（送り㎜/砥石1rev.）…式（14）
＝1, 670×0. 01＝16. 7〔㎜/min〕

④表 2.4 の 16.7㎜の近似値に対応するノブ目盛を探す
…1.7 である。
⑤ノブを反時計回りに回し、ノブ 1.7 を基線に合わせる。

2.6 自動プランジ切り込み速度（Studer-S30）

2.6.1 自動プランジ切り込み早見表

表 2.5 は Studer-S30 用の自動切り込み速度早見表である。

自動プランジ切り込みは、通常№ 1、№ 2 の切り込みをリレーして行われる。№ 1 は粗削り用であり、№ 2 は中削り用である。

それぞれのスロットル（ここでは絞り弁を調節するための取っ手）には等間隔で目盛と数字が刻まれているが、これら目盛と数字は、切り込み速さそのものをを示しているものではない。

したがって、それぞれの目盛が幾らの速さに対応しているものなのかを確認しておくと、研削加工条件を設定する際に便利である。

「自動プランジ切り込み速さ早見表」はスロットル目盛に対応する切り込み速さ（φ㎜ /min）の関係を示したものである。

表2.5　自動プランジ切込み速度早見表
(Studer-S30用)

スロットル目盛	№1切込み速度(φmm/min)	№2切込み速度(φmm/min)
4.75	0.752	0.544
4.825	0.946	0.578
5.0	1.108	0.617

2.6.2　自動プランジ切り込み速度早見表の作り方

表 2.5 に示しているように、上欄にスロットル目盛、№ 1 切り込み速度、№ 2 切り込み速度の項目を並べた形式の表と、図 2.16 様式の図を作成し用意する。

次に、スロットルの切りのよい目盛を基線に合わせ、自動切り込みを掛ける。スタートと同時に時間（秒）を測り、区切りのよい時間（秒）を観て切り込みを止める。止めたところで、幾ら切り込んだか、X 軸ハンドホイルの目盛の移動量（φmm）を読み取る。

読み取った切り込み量と時間（秒）から、1 分間当りの切り込み量を換算し、表 2.5 に記入すると共に、予め作成しておいた図 2.16 のマトリックス上にプロットし、点を結びグラフを作る。

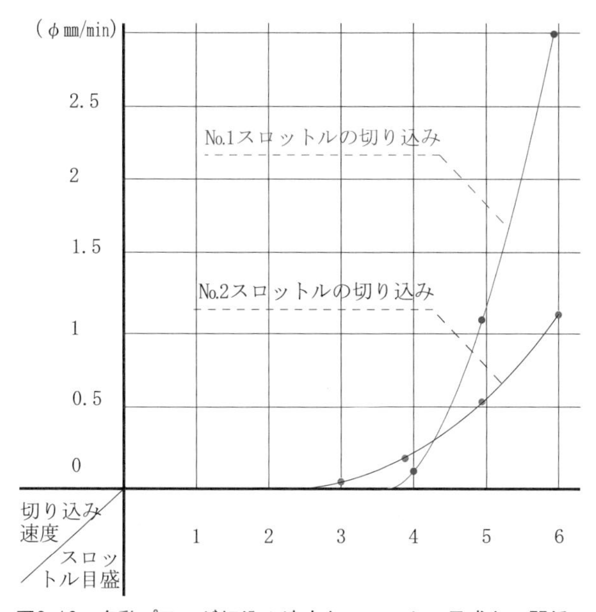

図2.16　自動プランジ切込み速度とスロットル目盛との関係

図2.16からスロットル目盛（1/8目盛毎の）に対応する切り込み速さを作成したグラフから探しあてて、その数値をもって、表2.5を埋め尽くせば出来上がりである。

2.6.3 自動プランジ切り込み速度早見表の使い方

この表の使い方の狙いとする処は、切り込もうとする速さに対応するスロットル目盛を探すことにある。

自動プランジの使い方としては、通常、№1の切り込みと№2の切り込みをリレーして使う。ここでは№1の例を取り上げてみる。

1 主軸回転数を180rpmに条件設定する。
2 切り込み（φ0.005㎜/主軸rev.）を設定する。
3 切り込み速度（φ㎜/min）を次の計算式をもって計算する。

切り込み速度（φ㎜/min）
＝主軸回転数×（切り込みφ㎜/rev.）…式（15）
＝180×0.005＝φ0.9/〔min〕

4 φ0.9/minの切り込み速度の近似値0.946を探し、この数値に対応する№1のスロットル目盛4.825を探し当てる。
5 スロットル目盛4.925を基線に合わせ、自動切り込みを掛ければφ0.005㎜/rev.の近似自動切り込みが行われる。

2.7　自動トラバース切り込み量（Studer-S30）

2.7.1　自動トラバース切り込み量早見表

Studer-S30 は、自動トラバースを掛けると、トラバース反転時に、両側あるいは片側から切り込みを行ってくれる。切り込みは、スロットルNo.1 とスロットルNo.2 をリレーして行われ、切り込みの例は、スロットル目盛によって 1 回の切り込み量が調整される。

トラバース研削加工の際、切り込み量が予め把握できれば、研削加工条件を設定したり、作業時間把握上非常に便利である。

切り込み量に対応する切り込みスロットル調整を容易にするために作られたのが、表 2.6 の自動トラバース切り込み速度早見表である。

表2.6　自動トラバース切込み速度早見表

(Studer-S30用)

スロットル目盛	No.1切込み速度（φmm/min）	No.2切込み速度（φmm/min）
4.5	4.44	5.0
4.7	6.15	6.0
〜	〜	〜
5.0	9.4	6.66
5.25	11.54	7.5
〜	〜	〜

2.7.2　自動トラバース切り込み速度早見表の作り方

まず、上欄に左からスロットル目盛№ 1 切り込み量（φ㎛)、№ 2 切り込み量（φ㎛）の項目を並べた様式（表 2.6）の用紙を用意する。また、縦に切り込みφ㎛、下欄にスロットル目盛を明示した様式の図を用意する。

次に、スロットル目盛の切りの良いところを基線に合わせ、自動トラバースを掛け、反転時に任意の量を切り込ませる。そうすると、反転時に X 軸ハンドホイルの目盛が移動し、幾反転かに切りのよい数値の切り込み量が得られる。

総切り込み量を反転数で除したのが 1 反転当りの切り込み量である。その量を表 2.6 に記入すると共に図 2.17 にプロットする。プロットした点を結び、スロットル目盛に対応する切込み量を探し、表 2.6 を埋めれば出来上がりである。

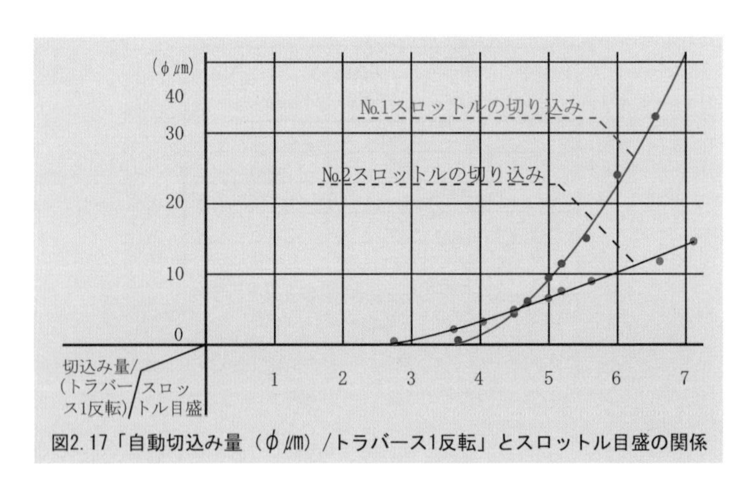

図2. 17「自動切込み量（φ㎛）/トラバース1反転」とスロットル目盛の関係

2.7.3 自動トラバース切り込み速度早見表の使い方

自動トラバース研削加工は、通常粗削りや仕上げ削り両方に使われる訳であるが、とりわけ砥石摩耗の小さい場合に向いていると考えている。また、長尺物の寸法精度のラフな場合にも用いられる。

この様な両条件を満たした例としては、図 2.18 のゴムローラーは表 2.6 の表から自動切り込み（№.1 切り込み量φ 10㎛ /1 反転）で粗削りを行い、№.2 切り込み量φ 5㎛ /1 反転の条件で研削加工を行った。

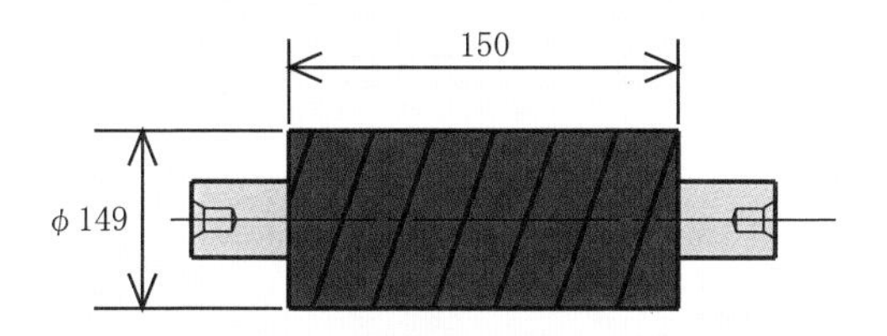

図2. 18　自動切り込みトラバース研削加工で行ったゴムローラー加工の事例　〔1991（H3）. 2. 1〕

2.8　精密円筒研削盤（Studer-S30）に係るバネ圧（代替値L）と心押し軸変移量の関係

2.8.1　バネ圧と心押し軸変移量の関係図

図 2.19 は Studer-S30 に係る心押し軸台の略図である。

心押し台の中には図 2.20 のバネが挿入されている。そして図 2.19 のバネ圧調整ノブを時計回りに回すと、心押し軸にバネ圧が掛かると同時に軸の位置 A が変移（前進）するという特性がある。

バネ圧の代替値を L としたとき、L と心押し軸変移の関係を表したものが、図 2.21 バネ圧と心押し軸変移量の関係図である。

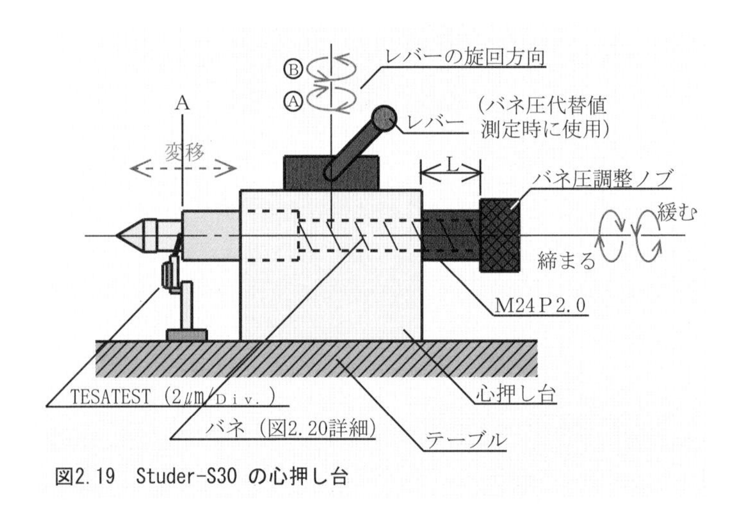

図2. 19　Studer-S30 の心押し台

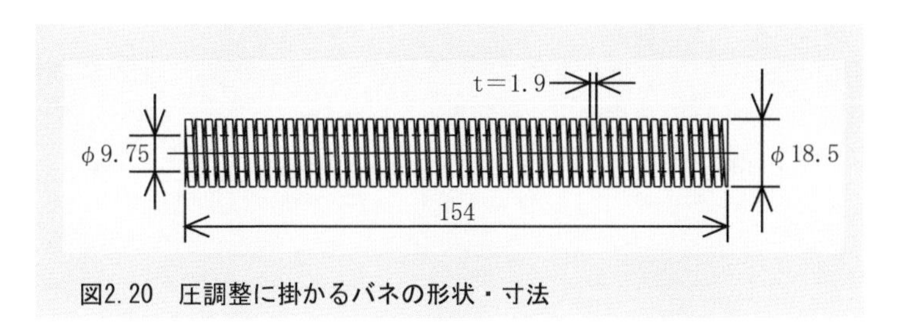

図2.20　圧調整に掛かるバネの形状・寸法

2.8.2　バネ圧と心押し軸変移量に係る関係図の作り方

まず、心押し台を図 2.19 のようにテーブルに固定し、心押し軸先端面 A に測定子が接触するように TESATEST（2㎛ /Div.）をセットする。

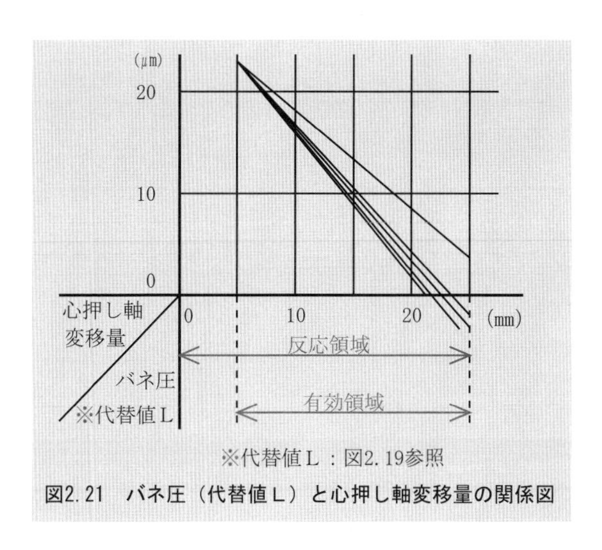

図2.21　バネ圧（代替値 L）と心押し軸変移量の関係図

次に、バネ圧調整ノブを時計回りに回転・増し締めしていく。ノブを回し TESATEST の指針が動いたときの L をノギスで測り、表 2.7 の L 欄に TESATEST の測定値を記録する。L を 1㎜ずつ縮め（バネ圧調整ノブを半回転させる）て行き、同要領で心押し軸の変移量を記録していく。このデータを図 2.21 にプロットし、直線で結べば出来上りである。

表2.7　心押しノブ 半回転毎の 心押し軸変移量 測定値

回 ＼ L		25	24	23	7	6	5	変移量
1	測定値（μm）	0	0	0	22	24	24	24
	測定値（μm）	0	0	0	1	2	0	$\overline{x}$ = 1.5
2	〃	−4	−4	−4	22	23.5	24	28
	〃	0	0	0	2	1.5	0.5	$\overline{x}$ = 15
3	〃	3.5	3.5	3.5	22.5	23.5	24	20.5
	〃	0	0	0	1.5	1.0	0.5	$\overline{x}$ = 1.2
4	〃	−4	−4	−4	21	22.5	24	28
	〃	0	0	1	1.5	1.5	1.5	$\overline{x}$ = 1.4
5	〃	−3	−3	−2	21.5	23	24	27
	〃	0	0	1	1.5	1.5	1.0	$\overline{x}$ = 1.4

〔1991.（H3）3.5〕

2.8.3 バネ圧と心押し軸変移量に係る図の生かし方

表 2.7 と図 2.20 から次のことが判明している。①バネ圧（代替値 L）には反応領域と有効領域とがある。②心押し軸の前進変移量は、1.43 ㎛ / （バネ圧調整ノブ 0.5 回転…L が 1㎜縮んだとき）である。③ L=5 の処で誤差が無くなる。④ L>5 のとき心押し軸総移動量が 20.5~28㎛である。

以上の特性を生かし、次のように心押し操作するとよい。❶心押し段取りの際には有効領域（締め付け範囲）L を念頭に置き、L ≦ 20㎜とし、❷心押し調整ノブは「1.43㎛ / (0.5 回転)」前進することを念頭におき、両センターにセットしたワークピース（被削物に）心押し圧を掛けていくとよい。

2.9 心押し繰り返し精度（Studer-S30）

2.9.1 心押し繰り返し精度

心押しレバー（図 2.19）は通常時計回りに回すが、Studer-S30 の場合、反時計回りにも旋回することができる。

図 2.19 の L の長さを限定して心押しレバーを戻したとき（握っている手を弛めてやるとバネ圧で戻る）の心押し位置と、反時計回りに旋回した場合とでは、繰り返し位置と精度が異なる。表 2.8 によれば、L=15 のとき繰り返し精度が良く、また、反時計回りに回して戻した方が、比較的繰り返し精度がよい。バネ圧（代替値 L）と心押し繰り返し精度の関係を一覧表にしたものが心押し繰り返し精度表（表 2.8）である。

表2.8　心押し繰り返し精度表

繰り返し誤差＼L（mm）	10	15	20	25
レバー　時計回りに旋回戻し（μm）	4.5	6	7	22
レバー時計逆回りに旋回戻し（μm）	3	2	6	10

〔1991.（H3）3.5〕

2.9.2　心押し繰り返し精度表の作り方

図2.19のように段取りを行う。テーブル上に心押し台を固定し、TESATEST（2μm /Div.）のプローブが、心押し軸先端A面に触れるようにセットする。

次にバネ圧調整ノブを回し、Lを設定し、心押しレバーを時計回りに回して戻し（バックラッシを除去して）、戻したときの返し位置を測る（TESATESTの目盛を読む）。同様に反時計回りにも行ってみる。

表2.9のL=10、15、20、25㎜のときのデータは各20回に亘ってテストした結果である。L=10、15、20、25㎜のときの測定値のバラツキをまとめた表2.8が心押し繰り返し精度表である。

表2.9　心押し繰り返し精度調査（データシート）

テスト ＼ 測定値（μm） ＼ L（mm） ＼ 旋回方向	Ⓐ				Ⓑ			
	10	15	20	25	10	15	20	25
1	−1	0	−3	−8	+3	−1	−2	+2
2	−1	−1	−2	−22	+4	−2	−1	+2
19	0	−4	−6	−1	+2	0	0	−4
20	+1	−1	−4	−2	+3	0	0	−2
R	4.5	6	7	22	3	2	6	10

〔1991.（H3）3.5〕

2.9.3　心押し繰り返し特性の生かし方

両センターにセットされたワークピースは、表 2.8 で示しているように、L ≦ 15 を目安にするとよい。また、ワークピースをセットするときは、表 2.8 を生かし、ワークを取り付けた後に、反時計回りに旋回してワークセットの駄目押し（バックラッシを除去する意味で）する。これを再度試みるとよい。特に軽量にして小さいワークピースの加工段取りを行う際に有効である。

両センター作業のワークセットに関し前述してきたが、バネ圧と心押し軸変移量の関係に於ける有効領域も勘案してみると、やはり、L=15 ㎜のバネ圧のときの心押し特性がベターであった。これを好事例とし、この条件（L=15㎜）を、常用しているところである。

2.10　ワークピースの重量と心押し台移動距離の関係

2.10.1　心押し台適正移動距離早見表

両センター作業におけるワークピースのセットに関しては、心押しのバネ圧調整の他、心押しのセット位置が重要である。

通常ワークピースの取り付け圧は、手回し（ワークを手で握り回す）で「きつくなく、緩くなく」が一応の目安となっている。

しかし、両センターにセットされるワークピースの重さや形状・サイズによっては異なるが、ワークピース脱着レバーの操作のやり方や、心押し軸の繰り返しが悪い場合は、思うとおりのセットが出来ないことがある。

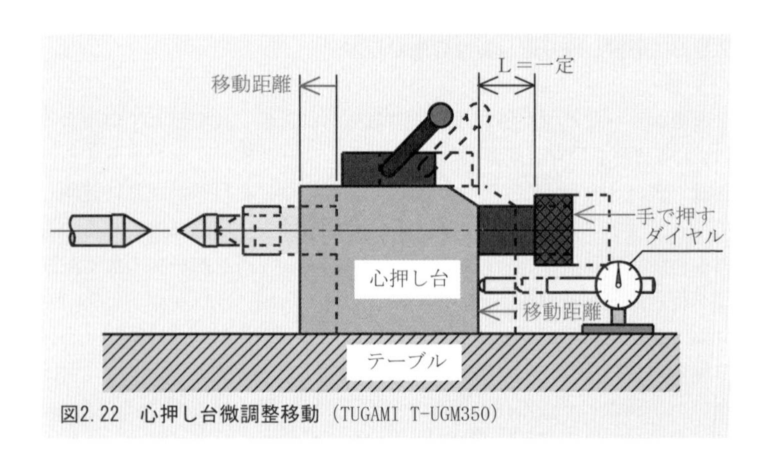

図2.22　心押し台微調整移動（TUGAMI T-UGM350）

このような場合には図 2.22 のようにバネ圧を一定にして、心押し台そのものを移動して調整する方法を用いるとよい。

即ち、ワークピース重量に対して、心押し台の適正移動距離（量）を掴んで、これを生かそうとするものである。表 2.10 はワークピース重量に対応する心押し台の移動の距離（量）を把握したもので、ここでいうところの心押し台適正移動距離（量）早見表である。

表2.10　心押し台適正移動距離（量）早見表

ワーク重量(g)	移動量(mm) ＼ ワーク重量(kg)	1	2	3	4	5	6	7	8	9
0	0	0.040	0.065	0.090	0.115	0.140	0.165	0.190	0.215	0.240
100	0.018	0.043	0.068	0.093	0.118	0.143	0.168	0.193	0.218	0.243
200	0.020	0.045	0.070	0.095	0.120	0.145	0.170	0.195	0.220	0.245
300	0.023	0.045	0.073	0.098	0.123	0.148	0.173	0.198	0.223	0.248
400	0.025	0.050	0.075	0.010	0.125	0.150	0.175	0.200	0.225	0.250
500	0.028	0.053	0.078	0.103	0.128	0.153	0.178	0.203	0.228	0.253
600	0.030	0.055	0.080	0.105	0.130	0.155	0.180	0.205	0.230	0.255
700	0.033	0.058	0.083	0.108	0.133	0.158	0.183	0.208	0.233	0.258
800	0.035	0.060	0.085	0.110	0.135	0.160	0.185	0.210	0.235	0.260
900	0.038	0.063	0.088	0.113	0.138	0.163	0.188	0.213	0.238	0.263

2.10.2　心押し台適正移動距離早見表の作り方

実際の作業の中で加工されたもののうち、きつくなく・緩くなくセットされ、出来栄えが良好であったワークピースの重量を測り、データを蓄積する。表 2.11 は 1981（S56）.1.19~1.21 までの金型・治工具部品に掛かる研削加工のデータである。

表2.11　データシート

研削月日	品名、形状 サイズ、材質	重量 (g)	心押し台 移動距離 (mm)	作業No.
S56.1.19	1/5,000テーパーシャフト φ22×150、SKS2	500	0.03	01-084-0
〃1.20	1/5,000テーパーシャフト φ14×150、SKS2	200	0.02	01-086-0
〃1.20	φ20×150、SKS2	400	0.025	01-087-0
〃1.20	φ10×150、SKS2	150	0.015	01-089-0
〃1.20	φ 6×100、SKS2	50	0.007	01-091-0
〃1.21	φ10×50、 SKS2	100	0.01	01-093-0

〔1981（S56）.1.19〜1.21〕

このデータを縦に（ワークピースを両センターで押さえ、一度ワークピースを外した状態で心押し台を微調整移動した）距離をとり、横にワークピースの重量欄を設けた様式の図を作る。この図2.23に表2.11のデータをプロットする。ちなみに、ワークピース重量と心押し台の移動距離との間には次のような相関が認められる。

図2.23　ワークピース重量と心押し台移動距離（量）の関係

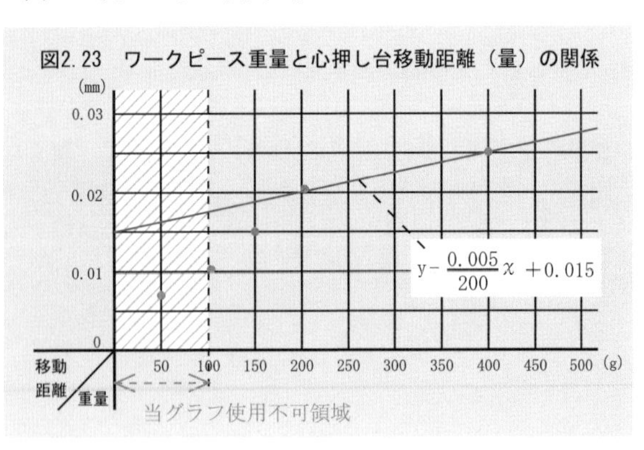

$$y = \frac{0.005}{200}\chi + 0.015 \cdots\cdots\cdots \text{式}(16)$$

但し、χ＝ ワークピース重量（g）
　　　y ＝ 心押し台移動距離（㎜）

式（16）にワークピース重量を代入して、ワークピース重量毎に心押し移動量（㎜）を求めたものが表 2.10 の心押し台移動距離早見表である。

2.10.3　心押し台適正移動距離早見表の使い方

例えば、ワークピース重量 1,300g のとき、心押し台の移動量は、上欄 1kgと縦の欄 300g の交点 0.047 ということとなり、ワークピースを挟んだ位置から 0.047㎜心押し台を主軸方向に移動して固定することになる。

しかし、実際にこの表を用いて心押し台の移動によりセットしてみると、100g 以下のワークピースの押さえとしては、きつすぎる。したがって、100g 以下のワークの心押しについては随時調整し、技能的に処理（位置を決める）しなければならない。即ち、100g 以下の心押しについては使用不能領域となる。図 2.23 が示しているようにその旨を明示しておかなければならない。

第３章　測定器の特性を掴む

3.1　指示マイクロ測定面の特性

3.1.1　指示マイクロ測定面の寸法偏差表

指示マイクロはアンビルとスピンドルの測定面にブロックゲージを挟み（図 3-1)、指針を任意の目盛（例えばゼロ点）に合わせて比較測定を行う測定器である。

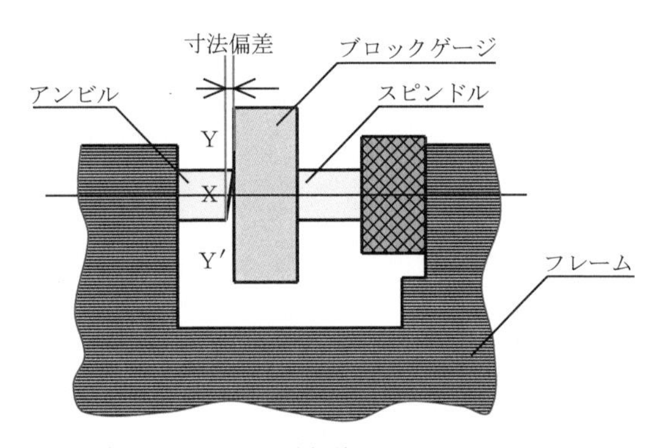

図3.1　指示マイクロと寸法偏差

図 3.1 で示しているように、両側面は平行ではなく、寸法偏差があるのが普通である。これは指示マイクロの有する一つの特性であるといえる。したがって、ブロックゲージの測定面のセット位置で指針の示す位置が変わってしまう。

一般的には、図 3.1 のようにブロックゲージを当てるから、測定面の一番高いところで指針を目盛合わせしていることになる。そして、例えばどこの位置（図 3.2）でゼロ点を合わせたのかの認識が測定上重要な意味を持つのである。したがって、ワークピースは測定面間の一番短いところで測られなくてはならない。

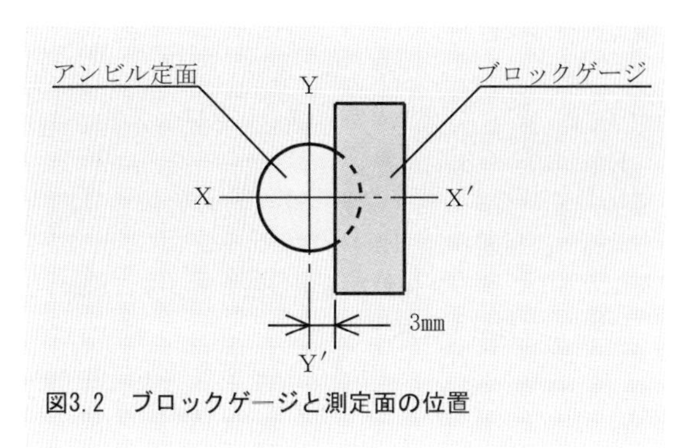

図3.2　ブロックゲージと測定面の位置

表 3.1 は測定面の寸法偏差早見表であり、測定面間の一番短いところは X の位置である。

表3.1　測定面の寸法偏差早見表

ブロックゲージ(mm)	1.00	1.10	1.20	1.30	1.40	1.50	$\bar{X}$
ブロックの位置 ＼ 測定値(μm)							
Y	−0.2	0	0	−0.6	−0.2	0	−0.16
X	0	0	0	−0.3	0	+0.2	−0.02
Y′	−2.3	−0.8	−0.6	−0.9	−0.2	−0.9	−0.95
X′	−1.0	−1.0	−1.0	−1.8	−2.0	−1.4	−1.37
偏差	2.3	1.0	1.0	1.5	2.0	1.4	−1.53

〔測定：1978（S53）.2.18〕

3.1.2　偏差頂部の探し方

測定箇所 Y、X、Y′、X′を決める。次に、ブロックゲージ（1、1.1、1.2、1.3、1.4、1.5）を用意する。

図 3.2 に示しているように、ブロックゲージを X 部分に当て挟み、指示マイクロ指針を目盛 0(ゼロ点)に合わせる。次いで、X 部分にブロックゲージをセットし、挟み、指針が示す目盛を表 3.1 に記録する。同様に Y、Y′の位置での目盛を記録する。

1㎜のブロックゲージから 1.1…とラウンドを幾回か重ねると表 3.1 が完成する。そして、偏差の頂部は（ブロックゲージ 1.0~1.5 を通じ）X 部分であることが判る。

3.1.3　指示マイクロ測定面の偏差（頂部）を生かす

指針の示す目盛 0（ゼロ点）は測定面の頂部で合わせられたものであることを既に述べてきた。したがって、ワークピースの直径を測定する場合、その頂部の位置に合わせて、測定するのがキーポイントとなる。その他箇所で測ると測定誤差(外径寸法マイナス)となって現れる。1μm、0.5μm、1/4μmのようなオーダー品の場合には、この点を十分心得て測定に当たることが大切である。

第４章　物理的特性を掴む

4.1　膨張（収縮）量

4.1.1　膨張（収縮）量早見表

加工物の測定に関する測定誤差の大きな要因は温度差（測定器とワークピースの温度差）によるものであるとされている。測定器の目盛を読み取れたとしても、温度差を度外視しては、正確な寸法測定をしたことにはならない。温度差分の補正がなされていないからである。

比較測定器を使って、ワークピースの寸法を測る場合、測定器とブロックゲージの温度差、測定器とワークピースの温度差があり、これらが正確な測定を阻害している。

より精度よく寸法の測定を行う場合は、温度差を正確に読み取り、ワークピースの材質、径にあった補正量をもって補正されなければならない。

線膨張係数は材質によって物理的に決まっている。

このことから、直径（形状が円筒の場合）と温度差のマトリックス（膨張量の早見表）を作っておくと便利である。表 4.1 は鉄系に関する膨張（収縮）量早見表である。

表4.1 Fe系膨張（収縮）量早見表

径別　膨張割合（Fe系　線膨張係数11.7×10^{-6} による）　〔1980（S55）紺野実氏作成：用紙A3〕

外径＼温度差	20℃の時 ± 1℃	2	3	4	5	6	7	8
φ10	0.000117	0.000234	0.000351	0.000468	0.000585	0.000702	0.000819	0.000
15	0.000176	0.000351	0.000528	0.000704	0.000875	0.001056	0.001232	0.015
20	0.000234	0.000468	0.000702	0.000936	0.001770	0.001404	0.001638	0.001
25	0.000293	0.000586	0.000879	0.001720	0.001465	0.001465	0.002051	0.002
30	0.000351	0.000702	0.001053	0.001404	0.001755	0.001755	0.002453	0.002
32	0.000374	0.000748	0.001122	0.001496	0.001870	0.002244	0.002618	0.002
34	0.000398	0.000796	0.001194	0.001592	0.001990	0.002388	0.002786	0.003
36	0.000421	0.000842	0.001263	0.001684	0.002105	0.002526	0.002947	0.003
38	0.000445	0.000890	0.001335	0.001780	0.002225	0.002670	0.003115	0.003
40	0.000468	0.000936	0.001404	0.001872	0.002340	0.002808	0.003276	0.003
42	0.000491	0.000982	0.001473	0.001964	0.002455	0.002946	0.003437	0.003
44	0.000515	0.001030	0.001545	0.002060	0.002575	0.005090	0.003605	0.004
46	0.000538	0.001076	0.001614	0.002152	0.002690	0.002328	0.003766	0.004
48	0.000562	0.001124	0.001686	0.002248	0.002810	0.003372	0.003934	0.004
50	0.000585	0.001170	0.001755	0.002340	0.002925	0.003510	0.004095	0.004
52	0.000608	0.001216	0.001824	0.002432	0.003040	0.003648	0.004256	0.004
54	0.000632	0.001264	0.001896	0.002528	0.003160	0.003792	0.004424	0.005
56	0.000655	0.001310	0.001965	0.002620	0.003275	0.003930	0.004585	0.005
58	0.000679	0.001358	0.002037	0.002716	0.003395	0.004074	0.004753	0.005
60	0.000702	0.001404	0.002110	0.002810	0.003510	0.004212	0.004914	0.005

〔円研シリーズNo.2「要求仕様φ1μm公差のパーツを研削する」を引用〕

4.1.2 膨張（収縮）量早見表の作り方

表の様式としては、表 4.1 のように縦にワークピースの直径を書き、横の欄に温度差（±℃）をとる。直径と温度差の交点に示す数値は、ワークピース直径の膨張量又は収縮量であり、温度差に対応するワーク長の伸縮量を示すものである。

Fe 系の線膨張係数（11.7 × 10℃ -6）を用いて計算すると次のようになる。

寸法測定補正量 = 膨張（収縮）量

= 直径×線膨張係数×温度差（℃）　　……式（17）

$\phi 10 \times 11.7 \times 10^{-6} \times 1^{\circ} c = 0.000117$（mm）

4.1.3 膨張（収縮）量早見表の使い方

加工環境の温度を測ってみると、加工室温度、測定器温度、ブロックゲージ温度、加工直後のワークピース温度、加工後測定時のワークピース温度等、全く同温ということはない。

ワークピース寸法測定の際の基本的で且つ重要なことは、①測定器（Spuramess）のゼロ点合わせのときの測定器とブロックゲージとの温度差の把握（温度差が小さいほどよい）、②測定時の測定器とワークピースとの温度差の把握、③寸法測定後、それぞれの温度差分の補正をすることである。

ゼロ点合わせの際の測定器とブロックゲージは同所に置き、温度差をできる限り小さく押さえておくことが望ましい。且つ係る両者の温度を測定し、その温度差が測定許容値に影響がないものであることを確認することも、測定スキル上大切な事項である。

測定作業の実際は、必ず温度差があるのだということを念頭に置き、温度の測定と測定後の補正の励行が寸法測定精度を上げるものだということを認識すべきである。測定時にはワークピース、測定器の温度を測定し、温度差に見合った膨張（収縮）量を実測値にプラス・マイナスして、補正を掛けろということである。

更に、測定作業に立ち入って言えば、寸法測定の際には、粗加工の時点で予め加工直後（ワーク取り出し10秒後）のワーク温度を推測し、加工の狙い値を設定するようにするとよい。

早見表の使い方の具体例として、加工時の狙い寸法の設定を上げてみたい。加工室20℃、測定器(Spurame-ss)温度20℃において、鉄系のワークピースϕ 60 ± 0.5㎛に研削加工したいとする。まず、ブロックゲージと測定器の温度差を、ほぼゼロと確認した上で、指針を0（ゼロ点）に合わせる。加工直後(取り外し10秒後)のワーク温度は21℃であった。そこで、膨張（収縮）量早見表を見て、ϕ 60に対応する温度差1℃の膨張量0.7㎛を調べ上げ、測定後の収縮量を見込んで、図4.1が示すように、狙い値を+0.7㎛の目盛の所に置くということである。また、狙い値設定の際、呉々も注意すべきことは、温度差そのものが、測定後ワークピースを膨張させるものなのか、それとも収縮せるものなのかを間違いなく見極めて取りかからなければならないということである。

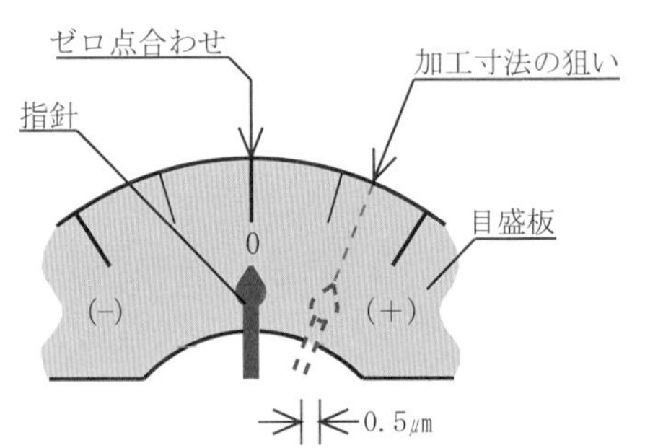

図4.1　Spuramess目盛板上のゼロ点（0）合わせと、加工寸法の狙い

4.2　砥石バランス特性

4.2.1　砥石バランス（静、動）対比表

精密万能研削盤（Studer-S30）に係る砥石バランス取りの手順は、まず静的バランス取りを行い、次いで砥石を機械に取りつけ動的バランスを取ってきた（実際はバランスが取れていることを確認する作業となる）。

天秤式バランス取りスタンド（静的バランス取り器）の感度は0.01g/0.5Div. であり、バラントロン（動的バランス取り器）に内蔵されている振動測定器の感度は振幅 0.1㎛ /1Div. である。

表 4.2 は砥石バランス（静・動）対比表である。動バランスは通常 0.2㎛以下であれば OK とされていることから、静バランスは 0.009g 以下（目視）とすれば良いという一つの目安（表 4.2 による）にすることができる。

表4.2　砥石バランス（静・動）対比表（Studer-S30）

例 ＼ バランス	静的バランス (g)	動的バランス (μm)	備考	バランス取り担当者
1991（H3. 1. 24） 57A80H8V φ365	0. 009	0. 2	使用中のもの	髙橋邦孝
1991（H3. 1. 25）	0. 003	0. 1	静バランス取り後	髙橋邦孝
1991（H3. 1. 25）	0. 003	0. 1	〃	村上竹彦
1991（H3. 1. 30） ダイヤモンドホイル φ400、＃200	0	0. 06	〃	村上竹彦
1991（H3. 1. 30） ダイヤモンドホイル φ400、＃600	2～4mg	0. 06	〃	村上竹彦
	※1天秤式スタンド	※2balanton		

※1静的バランス測定用　　※2動的バランス測定用

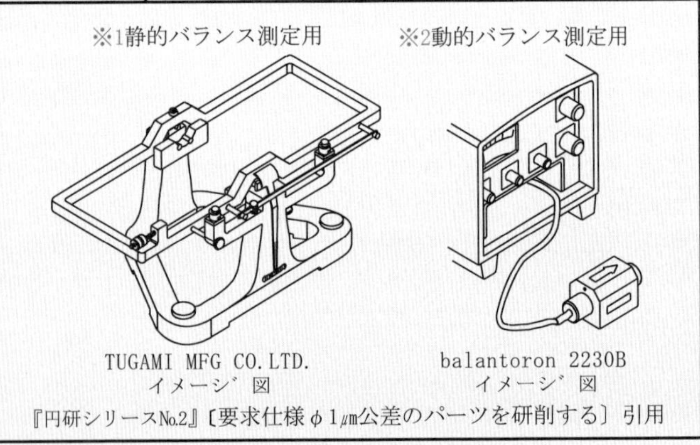

TUGAMI MFG CO. LTD.
イメージ図

balantoron 2230B
イメージ図

『円研シリーズNo.2』〔要求仕様φ1μm公差のパーツを研削する〕引用

4.2.2 砥石バランス（静動）対比表の作り方

縦方向に砥石の仕様を、横方向に静・動バランス値を記録できる様式を用意する。作業の中で静・動バランスを取った際、バランス値を記入する。静バランス値はスタンド目盛の 1/10 まで読み取り（訓練して）、記録する。動バランスも一目盛の 1/10 まで読み取れるように訓練するとよい。

砥石のバランス取りは、初取り付けとバランスが崩れたとき行うもので、頻繁に行うものではないので、バランス取りを行った都度、データ（数値）を収録し、動・静バランスの詳細なデータを蓄積して把握する。

4.2.3 砥石バランス（静・動）対比表の生かし方

砥石バランスの良否は鏡面研削加工のとき、ワークピースのできばえに影響する。これまでの事例では静バランス 0.003g 以下のときは、問題の発生は止められなかった。表 4 を基に静バランス 0.003g 以下、動バランス 0.1μm以下をバランス取りの一応の目安としてきた。

4.3　研削液温の特性（Studer-30S の場合）

4.3.1　研削液温変移図

万能研削盤（Studer-S30）の研削液（この章・この節では研削用冷却液として考える）は給液ポンプにより循環する仕組になっている。

研削液は BIasocut895（ソリューションタイプ）を原液として、水道水で約 3% に希釈したものである。原液は水より比重が大きく、沈殿・固着する性質がある。

また、原液は過度の温度上昇により、分解したり、老化を早めたりして、劣化するものであり、BIasocut895 は 10℃ ~30℃の間で用いるよう仕様書に明記されている。それ故に液は攪拌する必要があり、常時循環しておくことが望ましい。

循環液は図 4.2 に示しているように、液タンク（大）に内蔵されているポンプで行われ、タンク（大）の液はハイドロサイクロン（浄化装置）に送り込まれ、更に、フィルターへ至る。ここから液は、二分流となる。

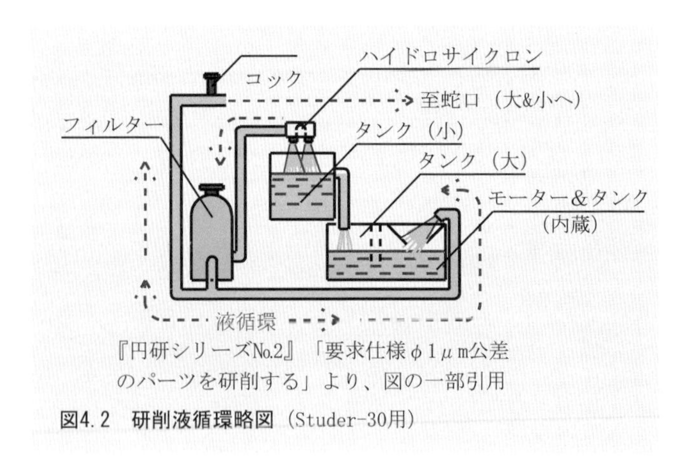

図4.2　研削液循環略図（Studer-30用）

一方は蛇口に向かい、蛇口のコックを閉めれば液タンク（大）に戻るルートで循環する。コックを閉めての循環では図 4.3 で示すように研削液温は 21.2℃ ~30℃に至るまで変移する。この循環の方式では、液撹拌の目的は果たされているが、液温管理面では不備といってもいい。

測定	2/6（月）		
時＼項目	気温(℃)	湿度(%)	液温(℃)
AM 8:30	22.8	59	21.2
10:00	23.3	60	24.0
12:00	24.0	60	26.5
PM 1:00	24.0	60	27.5
3:00	23.8	60	28.8
5:00	24.0	60	30.0

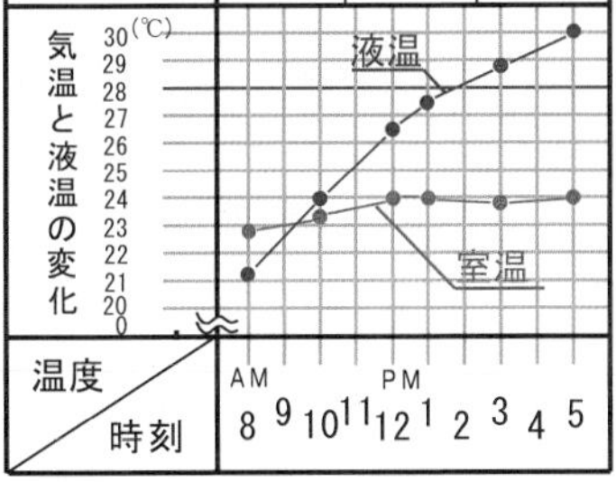

気温と液温の変化
30(℃) 29 28 27 26 25 24 23 22 21 20 0
液温
室温
温度／時刻
AM 8 9 10 11 PM 12 1 2 3 4 5

『円研シリーズNo.2』「要求仕様φ1μm公差のパーツを研削する」のデーター部を引用

図4.3　研削液温変移図

研削加工室（現:ラッピング加工室）〕
1989（H1）.2.6（〔月）

ところで、液温の上昇はといえば、ポンプ用のモーターが熱源であり、熱が研削液に吸収されるところにある。従って、熱を放熱すれば研削液温の上昇を抑えることが出来る（限度はあるが）と考えられる。

図 4.4 は機械本体の蛇口へのルートに研削液を送り、樋を通して研削液タンクへ回収するという液循環ルートに替えた改善の事例である。

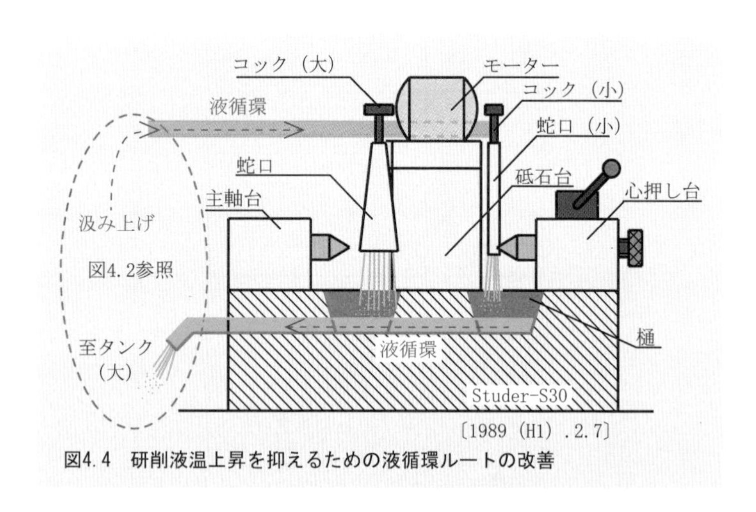

図4. 4　研削液温上昇を抑えるための液循環ルートの改善

図 4.5 はその時の熱変移図である。樋や室内空中を介在して、放熱効果があったことを物語っている。

この様に、液温は循環ルートと放熱の関係に於いて、変移する特性があるといえる。この特性を掴むためには面倒でも液温変移の特性図（図 4.3、図 4.5）を作り、その特性を明らかにしておくことが大切である。

測定	2/7（火）		
時＼項目	気温(℃)	湿度(%)	液温(℃)
AM 8:30	20.8	66	23.8
10:00	23.3	59	24.0
12:00	23.5	59	23.0
PM 1:00	23.5	59	23.0
3:00	23.5	59	23.0
5:00	22.5	60	22.6

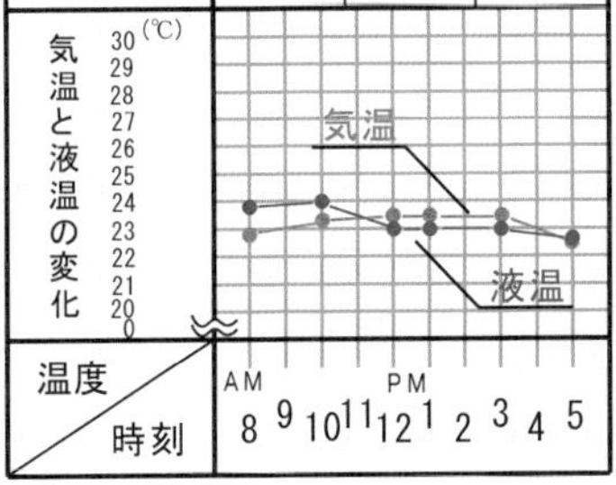

気温と液温の変化 (℃) 30 29 28 27 26 25 24 23 22 21 20 0

気温

液温

温度／時刻 AM 8 9 10 11 PM 12 1 2 3 4 5

『円研シリーズNo.2』「要求仕様φ1μm公差のパーツを研削する」データーの一部引用

図4.5　研削液温変移図（改善後）

〔1989（H1）.2.7（火）

〔1989（H1）.2.7（火）

4.3.2　研削液温変移図の作り方

基本的には上方にデータシート、下方に変移図を折衷した形式の図(図4.3 参照）がよい。データシートについては、温度変化の把握は時系列がよいと考えられるから、縦方向に時間を取り、横に室温、湿度、液温の記入欄を設ける。変移図については、縦方向に温度欄、横方向には時刻の欄を設ける様式にする。

また、数日分が一覧できるスタイルにすると一層よい。室温、液温は日により一定ではない。数日間の調査を基に比較を行い評価する必要があると考えられるからである。

温度測定の記録並びに変移図の作成は、その様式を埋めることによって進められるが、加工を行った日の数値と、機械の運転だけの日の数値だけでは内容は異質となる。したがって、基礎資料とするのか、日常作業の資料にするのか、目的を明確にしてから、それなりの段取りで進める必要がある。

4.3.3　液温変移特性の生かし方

トレランス（許容値の最大値と最小値との差）が小さい（1㎛とか1/2㎛）ワークピースの加工に於いては、測定時のワークピース温度と測定器温度の差が問題となる。ワークピースや測定器の温度は周囲の環境から受ける影響が大きい。

ワークピースの寸法測定では、温度差をできるだけ小さくしておくことが大事であるから、ワークピース温度に与える影響力の大きい液温は、測定誤差を小さくするためにも、補正ミスの回避、補正のための労を省力するためにも、努めて室温に近づけておくのがよい。オイルキーパー等、液温を一定にする周辺機器もあるが、図 4.4、図 4.5 に示しているように放熱の方法を工夫すると、液温は室温と± 1℃程度に抑えることが可能なのである。液循環ルートと放熱の関係にみる特性を生かし、作業の標準化に結びつければ一つの液温管理が成立する。

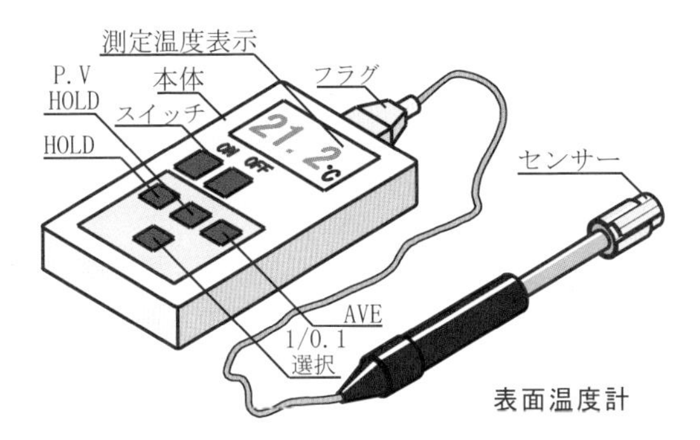

DIGITAL SURFACE THERMOMETER(安立計器)イメージ

円筒研削盤作業の測定に係る機器・工具・消耗品の例（11/13）

【付録】

1　Studer-S30用平行出し早見表

2　TUGAMI T-UGM350用平行出し早見表

3　テーパー値早見表

4　広角度補正早見表並びに角度加工精度目標値早見表
〔TUGAMI T-UGM350用〕

5　心高調整スペーサー厚選択早見表

6　テーブル送りスピード早見表（Studer-S30用）
自動プランジ切込み早見表（Studer-S30用）
自動トラバース切込み早見表（Studer-S30用）

7　径別　膨張の割合（Fe系）

表1.1　Studer-S30用　平行出し早見表

〈　作成:1988　(S63) 9.1 〉
〈再作成:2015.　(H27) 4.10〉　1/3

Δd (μm) ＼ Lm (mm)	0.5	1	2	3	4	5	6	7	8	9	10	11	12	13	14	15	16	17	18	19	20	21	22
0.5	364	182	91	61	45	36	30	26	23	20	18	17	15	14	13	12	11	11	10	10	9	9	8
1.0	727	364	182	121	91	73	61	52	52	40	36	33	30	28	26	24	23	21	20	19	18	17	17
1.5	1091	545	273	182	136	109	91	78	68	60	55	50	45	42	39	36	34	32	30	29	27	26	25
2.0	1454	727	364	242	182	145	121	104	91	81	73	77	61	56	52	48	45	43	40	38	36	36	33
2.5	1818	909	454	303	227	182	151	130	114	101	91	83	76	70	65	61	57	53	50	48	45	43	41
3.0	2181	1091	364	364	273	218	182	156	136	121	109	99	91	84	78	73	68	64	61	57	55	52	50
3.5	2545	1272	636	424	318	254	212	182	159	141	127	116	106	98	91	85	80	75	71	67	64	61	58
4.0	2908	1454	727	485	364	291	242	208	182	162	145	132	121	112	104	97	91	86	81	77	73	69	66
4.5	3272	1636	818	545	409	327	273	234	204	182	164	149	136	126	117	109	102	96	91	86	82	78	74
5.0	3635	1818	909	606	454	364	303	260	227	202	182	165	151	140	130	121	114	107	101	96	91	87	83
5.5	3999	1999	1000	666	500	400	333	286	250	222	200	182	167	154	143	133	125	118	111	105	100	95	91
6.0	4362	2181	1091	727	545	436	364	312	273	242	218	198	182	168	156	145	136	128	121	115	109	104	99
6.5	4726	2363	1181	788	591	473	394	338	295	263	236	215	197	182	169	158	148	138	131	124	118	113	107
7.0	5089	2545	1272	848	636	509	424	364	318	283	254	231	212	196	182	170	159	150	141	134	127	121	116
7.5	5453	2726	1363	909	682	545	454	390	341	303	273	248	227	210	195	182	170	160	151	143	136	130	124
8.0	5816	2908	1454	969	727	582	485	415	364	323	291	264	242	224	208	194	182	171	162	153	145	138	132
8.5	6180	3090	1545	1030	772	618	515	441	386	343	309	281	257	238	221	206	193	182	172	163	154	147	140
9.0	6543	3272	1636	1091	818	654	545	467	409	364	327	297	273	252	234	218	204	192	182	172	164	156	149
9.5	6907	3453	1727	1151	863	691	576	493	432	384	345	314	287	266	247	230	216	203	192	182	173	164	157
10.0	7270	3635	1818	1212	909	727	606	519	454	404	364	330	303	280	260	242	227	214	202	191	182	173	165

Δd (μm) \ Lm (mm)	23	24	25	26	27	28	29	30	31	32	33	34	35	36	37	38	39	40	41	42	43	44	45	46	47	48	49	50	52	54	56
0.5	8	8	7	7	7	6	6	6	6	6	6	5	5	5	5	5	5	5	4	4	4	4	4	4	4	4	4	4	3	3	3
1.0	16	15	16	14	13	13	13	12	12	11	11	11	10	10	10	10	9	9	9	9	8	8	8	8	8	8	7	7	7	7	6
1.5	24	23	22	21	20	19	19	19	18	17	17	16	16	15	15	14	14	14	13	13	13	12	12	12	11	11	11	11	10	10	10
2.0	32	30	29	28	27	26	25	24	23	23	22	21	21	20	20	19	19	18	18	17	17	17	16	16	15	15	15	15	14	13	12
2.5	40	38	36	35	34	32	31	30	29	28	28	27	26	25	25	24	23	23	22	22	21	21	20	20	19	19	19	18	17	17	16
3.0	47	45	44	42	40	39	38	36	35	34	33	32	31	30	29	29	28	27	27	26	25	25	24	24	23	23	22	22	21	20	19
3.5	55	53	51	49	47	45	44	42	41	40	39	37	36	35	34	33	33	32	31	30	30	29	28	28	27	27	26	25	24	24	23
4.0	63	61	58	56	54	52	50	48	47	45	44	43	42	40	39	38	37	36	35	35	34	33	32	32	31	30	30	29	28	27	26
4.5	71	63	65	63	61	58	56	55	53	51	50	48	47	45	44	43	42	41	40	39	38	37	36	36	35	34	33	33	31	30	29
5.0	79	73	73	70	67	65	63	61	59	57	55	53	52	50	49	48	47	45	44	43	42	41	40	40	39	38	37	36	35	34	32
5.5	87	83	80	77	74	71	69	67	64	62	61	59	57	56	54	53	51	50	49	48	46	45	44	43	43	42	41	40	38	37	36
6.0	95	91	87	84	81	78	75	73	70	68	66	64	62	61	59	57	56	55	53	52	51	50	48	47	46	45	45	44	42	40	39
6.5	103	98	95	91	88	84	81	79	76	74	72	69	68	66	64	62	61	59	58	56	55	54	53	51	50	49	48	47	45	44	42
7.0	111	106	102	98	94	91	88	85	82	80	77	75	73	71	69	67	65	64	62	61	59	58	57	55	54	53	52	51	49	47	45
7.5	119	113	109	105	101	97	94	91	88	85	83	80	78	76	74	72	70	68	66	65	63	62	61	59	58	57	56	55	52	50	49
8.0	126	12[illegible]	116	112	108	104	100	97	94	91	88	86	83	81	79	77	75	73	71	69	68	66	65	63	62	61	59	58	56	54	52
8.5	134	129	128	119	114	110	107	103	100	97	94	91	88	86	84	81	79	77	75	74	72	70	69	67	66	64	63	62	59	57	55
9.0	142	136	131	126	121	117	113	109	106	102	99	96	93	91	88	86	84	82	80	78	76	74	73	71	70	68	67	65	63	61	58
9.5	150	144	138	133	128	123	119	115	111	108	105	102	99	96	93	91	89	86	84	82	80	78	77	75	73	72	70	69	66	64	62
10.0	158	151	145	140	135	130	125	121	117	114	110	107	104	101	99	96	93	91	89	87	85	83	81	79	77	76	74	73	70	67	65

Δd (μm) \ Lm (mm)	58	60	62	64	66	68	70	72	74	76	78	80	82	84	86	88	90	92	94	96	98	100
0.5	3	3	3	3	3	3	3	3	2	2	2	2	2	2	2	2	2	2	2	2	2	2
1.0	6	6	6	6	6	5	5	5	5	5	5	5	4	4	4	4	4	4	4	4	4	4
1.5	9	9	9	9	8	8	8	8	7	7	7	7	7	6	6	6	6	6	6	6	6	5
2.0	13	12	12	11	11	11	10	10	10	10	9	9	9	9	8	8	8	8	8	8	7	7
2.5	16	15	15	14	14	13	13	13	12	12	12	11	11	11	11	10	10	10	10	10	9	9
3.0	19	18	18	17	17	16	16	15	15	14	14	14	13	13	13	12	12	12	12	11	11	11
3.5	22	21	20	20	19	19	18	18	17	17	16	16	16	15	15	14	14	14	14	13	13	13
4.0	25	24	23	23	22	21	21	20	20	19	19	17	18	17	17	17	16	16	15	15	15	15
4.5	28	27	26	26	25	24	23	23	22	22	21	20	20	19	19	19	18	18	17	17	17	16
5.0	31	30	29	28	28	27	26	25	25	24	23	23	22	21	21	21	20	20	19	19	19	18
5.5	34	33	32	31	30	29	29	28	27	26	26	25	24	24	23	23	22	22	21	21	20	20
6.0	38	36	35	34	33	32	31	30	29	29	28	27	27	26	25	25	24	24	23	23	22	22
6.5	41	39	38	37	36	35	34	33	32	31	30	30	29	28	27	27	26	26	25	25	24	24
7.0	44	42	41	40	39	37	36	35	34	33	33	32	31	30	30	29	29	28	27	27	26	25
7.5	47	45	44	43	41	40	39	38	37	36	35	34	33	32	32	31	30	30	29	28	28	27
8.0	50	48	47	45	44	43	42	40	39	38	37	36	35	35	34	33	32	32	31	30	30	29
8.5	53	51	50	48	46	45	44	43	42	41	40	39	38	37	36	35	34	34	33	32	32	31
9.0	56	55	53	51	50	48	47	45	44	43	42	41	40	39	38	37	36	36	35	34	34	33
9.5	60	58	56	54	52	51	49	48	47	45	44	43	42	41	40	39	38	38	37	36	35	35
10.0	63	61	59	57	55	53	52	50	49	48	47	45	44	43	42	41	40	40	39	38	37	36

①

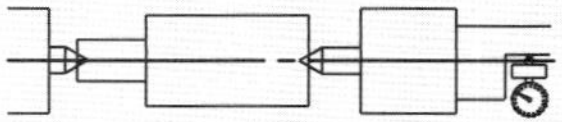

②

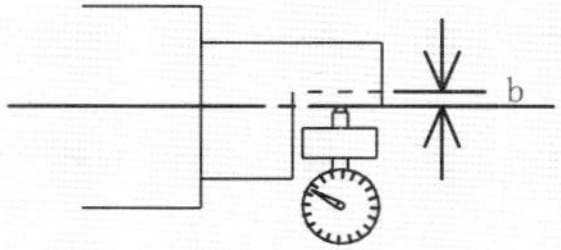

③

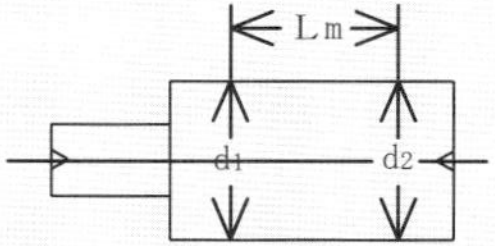

④ $\Delta d = d_1 - d_2$

$b\ (\mu m) = 363.5 \cdot \frac{\Delta d}{Lm}$

※　小数点以下四捨五入

〔図:Studer-S30取説による〕

TUGAMI T-UGM350用　平行出し早見表

1,977 (S52) 11.30 作成
2,015 (H27) 4.16 再作成　1/2

D_1-D_1 (μm) ＼ L_2	1.0	1.5	2.0	2.5	3.0	3.5	4.0	4.5	5.0	5.5	6.0	6.5	7.0	7.5	8.0	8.5	9.0	9.5
0.5	150	100	75	60	50	43	38	33	30	27	25	23	21	20	19	18	17	16
1.0	300	200	150	120	100	86	75	67	60	55	50	46	43	40	38	35	33	32
1.5	450	300	225	180	150	129	113	100	90	82	75	69	64	60	56	53	50	47
2.0	600	400	300	240	200	171	150	133	120	109	100	92	86	80	75	71	67	63
2.5	750	500	375	300	250	214	188	167	150	136	125	115	107	100	94	88	83	79
3.0	900	600	450	360	300	257	225	200	180	164	150	138	129	120	113	106	100	95
3.5	1,050	700	525	420	350	300	263	233	210	191	175	162	150	140	131	124	117	111
4.0	1,200	800	600	480	400	343	300	267	240	218	200	185	171	160	150	141	133	126
4.5	1,350	900	675	540	450	386	338	300	270	245	225	218	193	180	169	159	150	142
5.0	1,500	1,000	750	600	500	429	375	333	300	273	250	231	214	200	188	176	167	158
5.5	1,650	1,100	825	660	550	471	413	367	330	300	275	254	236	220	206	194	183	174
6.0	1,800	1,200	900	720	600	514	450	400	360	327	300	277	257	240	225	212	200	189
6.5	1,950	1,300	975	780	650	557	488	433	390	355	325	300	279	260	244	229	217	205
7.0	2,100	1,400	1,050	840	700	600	525	467	420	382	350	323	300	280	263	247	233	221
7.5	2,250	1,500	1,125	900	750	643	563	500	450	409	375	346	321	300	281	265	250	237
8.0	2,400	1,600	1,200	960	800	686	600	533	480	436	400	369	343	320	300	282	267	253
8.5	2,550	1,700	1,275	1,020	850	729	638	567	510	464	425	392	364	340	319	300	283	267
9.0	2,700	1,800	1,350	1,080	900	771	675	600	540	491	450	415	386	360	338	318	300	284
9.5	2,850	1,900	1,425	1,140	950	814	713	633	570	518	475	438	407	380	356	335	317	300
10.0	3,000	2,000	1,500	1,200	1,000	857	750	667	600	545	500	462	429	400	375	353	333	316

$$M=\frac{L_1}{2}\times\frac{D_1-D_2}{L_2}=\frac{300}{L_2}(D_1-D_2)\,[\mu m]$$

2/2

(μm) L2 / D1-D1	10.0	10.5	11.0	11.5	12.0	12.5	13.0	13.5	14.0	14.5	15.0	15.5	16.0	16.5	17.0	17.5	18.0	18.5
0.5	15	14	14	13	13	12	12	11	11	10	10	10	9	9	9	9	8	8
1.0	30	29	27	26	25	24	23	22	21	21	20	19	19	18	18	17	17	16
1.5	45	43	41	39	38	36	35	33	32	31	30	29	28	27	26	26	25	24
2.0	60	57	55	52	50	48	46	44	43	41	40	39	38	36	35	34	33	32
2.5	75	71	68	65	63	60	58	56	54	52	50	48	47	45	44	43	42	41
3.0	90	86	82	78	75	72	69	67	64	63	60	58	56	55	53	51	50	49
3.5	105	100	95	91	88	84	81	78	75	72	70	68	66	64	62	60	58	57
4.0	120	114	109	104	100	96	92	89	86	83	80	77	75	73	71	69	67	65
4.5	135	129	123	118	113	108	104	100	96	93	90	87	84	82	79	77	75	73
5.0	150	143	136	130	125	120	115	111	107	103	100	97	94	91	88	86	83	81
5.5	165	157	150	143	138	132	127	122	118	114	110	106	103	100	97	94	92	89
6.0	180	17[illegible]	164	157	150	144	138	133	129	124	120	116	113	109	106	103	100	97
6.5	195	186	177	170	163	156	150	144	139	134	130	126	122	118	115	111	108	105
7.0	210	200	191	183	175	168	162	156	150	145	140	135	131	127	124	120	117	114
7.5	225	214	205	196	188	180	173	167	161	155	150	145	141	136	132	129	125	122
8.0	240	229	218	209	200	192	185	178	171	166	160	155	150	145	141	137	133	130
8.5	255	243	232	222	213	204	196	189	182	176	170	165	159	155	150	146	142	138
9.0	270	257	245	235	225	216	208	200	193	186	180	174	169	164	159	154	150	146
9.5	285	271	259	248	238	228	219	211	204	197	190	184	178	173	168	163	158	154
10.0	300	286	273	261	250	240	231	222	214	207	200	194	188	182	176	171	167	162

※　小数点以下四捨五入

テーパー値早見表

1,979 (S54) .3.30 作成
2,015 (H27) .3.30 再作成

5	10	15	20	25	30	35	40	45	50	55	60	65	70	75	80	85	90	95	100
1.458	2.916	4.374	5.832	7.290	8.748	10.206	11.660	13.122	14.580	16.041	17.500	18.958	20.416	21.875	23.333	24.791	26.249	27.708	29.166
0.833	1.667	2.500	3.333	4.167	5.000	5.833	6.667	7.500	8.333	9.167	10.000	10.833	11.669	12.500	13.333	14.167	15.000	15.833	16.667
0.417	0.833	1.250	1.667	2.083	2.500	2.917	3.333	3.750	4.167	4.583	5.000	5.416	5.833	6.250	6.666	7.083	7.500	7.916	8.333
0.333	0.667	1.000	1.333	1.667	2.000	2.333	2.666	3.000	3.333	3.666	4.000	4.333	4.666	5.000	5.333	5.666	6.000	6.333	6.666
0.313	0.625	0.938	1.250	1.563	1.875	2.188	2.500	2.813	3.125	3.438	3.750	4.063	4.375	4.688	5.000	5.313	5.625	5.938	6.250
0.250	0.500	0.750	1.000	1.250	1.500	1.750	2.000	2.250	2.500	2.750	3.000	3.250	3.500	3.750	4.000	4.250	4.500	4.750	5.000
0.208	0.417	0.625	0.833	1.042	1.250	1.458	1.667	1.875	2.083	2.292	2.500	2.709	2.917	3.125	3.334	3.542	3.750	3.959	4.167
0.125	0.250	0.375	0.500	0.625	0.750	0.875	1.000	1.125	1.250	1.375	1.500	1.625	1.750	10.875	2.000	2.125	2.250	2.375	2.500
0.100	0.200	0.300	0.400	0.500	0.600	0.700	0.800	0.900	1.000	1.100	1.200	1.300	1.400	1.500	1.600	1.700	1.800	1.900	2.000
0.050	0.100	0.150	0.200	0.250	0.300	0.350	0.400	0.450	0.500	0.550	0.600	0.650	0.700	0.750	0.800	0.850	0.900	0.950	1.000
0.020	0.040	0.060	0.080	0.100	0.120	0.140	0.160	0.180	0.200	0.220	0.240	0.260	0.280	0.300	0.320	0.340	0.360	0.380	0.400
0.010	0.020	0.030	0.040	0.050	0.060	0.070	0.080	0.090	0.100	0.110	0.120	0.130	0.140	0.150	0.160	0.170	0.180	0.190	0.200
0.005	0.010	0.015	0.020	0.025	0.030	0.035	0.040	0.045	0.050	0.055	0.060	0.065	0.070	0.075	0.080	0.085	0.090	0.095	0.100
0.003	0.007	0.010	0.013	0.017	0.020	0.023	0.027	0.030	0.033	0.037	0.040	0.043	0.047	0.050	0.053	0.057	0.060	0.063	0.067
0.003	0.005	0.008	0.010	0.013	0.015	0.018	0.020	0.023	0.025	0.028	0.030	0.033	0.035	0.038	0.040	0.043	0.045	0.048	0.050
0.002	0.004	0.006	0.008	0.010	0.012	0.014	0.016	0.018	0.020	0.022	0.024	0.026	0.028	0.030	0.032	0.034	0.036	0.038	0.040
0.002	0.003	0.005	0.007	0.008	0.010	0.012	0.013	0.015	0.017	0.018	0.020	0.022	0.023	0.025	0.027	0.028	0.030	0.032	0.033
0.001	0.003	0.004	0.006	0.007	0.009	0.010	0.011	1.013	0.014	0.016	0.017	0.019	0.020	0.021	0.023	0.024	0.026	0.027	0.029
0.001	0.003	0.004	0.005	0.006	0.008	0.009	0.010	0.011	0.013	0.014	0.015	0.016	0.018	0.019	0.020	0.021	0.023	0.024	0.025
0.001	0.003	0.003	0.004	0.006	0.007	0.008	0.009	0.010	0.011	0.012	0.013	0.014	0.016	0.017	0.018	0.019	0.020	0.021	0.022
0.001	0.002	0.003	0.004	0.005	0.006	0.007	0.008	0.009	0.010	0.011	0.012	0.013	0.014	0.015	0.016	0.017	0.018	0.019	0.020

φD_1　φD_2　L

テーパー長Lの時のφD_1-D_2の値〔mm〕

広角度テーパー加工に於ける測定長（ここでは斜辺長）早見表並びにテーパー修正量（テーブル旋回量）早見表〈TUGAMI T-UGM350用〉〔1982（S57）.7.2〕

表1.3　テーブル設定角度（20°）に係る測定長及びテーパー修正量早見表〈TUGAMI-TUOM350用〉〔1982（S57）.7.2〕

1/2

設定角度 度	分	L₃＝全長〔mm〕	1	2	3	4	5	6	7	8	9	10	12	14	16	18	20	25	30
20°	+30′	L₂＝斜辺〔mm〕	1.0676	2.1352	3.2028	4.2704	5.3381	6.4[illegible]57	7.4733	8.5409	9.6085	10.6760	12.8113	14.9466	17.0816	19.2170	21.3522	26.6903	32.0284
	+10′		1.0653	2.1306	3.1959	4.2613	5.3266	6.3919	7.4572	8.5225	9.5878	10.6531	12.7838	14.9144	17.0450	19.1757	21.3053	26.6329	31.9594
	+5′		1.0647	2.1295	3.1942	4.2590	5.3237	6.3885	7.4532	8.5180	9.5827	10.6475	12.7770	14.9065	17.0360	19.1655	21.2949	26.6187	31.9424
	±0		1.0642	2.1284	3.1925	4.2567	5.3209	6.3351	7.4493	8.5134	9.5776	10.6418	12.7702	14.8985	17.0269	19.1553	21.2836	26.6045	31.9254
	−5′		1.0636	2.1272	3.1908	4.2545	5.3181	6.3317	7.4453	8.5089	9.5725	10.6361	12.7634	14.8906	17.0178	19.1451	21.2723	26.5904	31.9084
	−10′		1.0631	2.1262	3.1894	4.2525	5.3156	6.3787	7.4418	8.5049	9.5681	10.6310	12.7574	14.8836	17.0099	19.1361	21.2623	26.5779	31.8935
	−30′		1.0609	2.1217	3.1826	4.2434	5.3043	6.3551	7.4260	8.4868	9.5477	10.6085	12.7302	14.8519	16.9736	19.0953	21.2170	26.5213	31.8255

備考：

φD₁　L₂　20°　L₃　φD₂

円筒度：φD₁−φD₂＝2·tanθ·L₃

$L_2=\frac{L_3}{\cos 20^\circ}=\frac{L_3}{0.93969}$

φD3−φD1 / φD3−φD4		L₃＝全長〔mm〕 / L₂＝斜辺〔mm〕	1	2	3	4	5	6	7	8	9	10	12	14	16	18	20	25	30
			1.0642	2.1284	3.1925	4.2567	5.3209	6.3351	7.4493	8.5134	9.5776	10.6418	12.7702	14.8985	17.0269	19.1553	21.2836	26.6045	31.9254
0.005	（設定角度20°の時の）M M＝テーパー修正（ダイヤル目盛量）		0.750	0.352	0.235	0.176	0.141	0.117	0.101	0.088	0.078	0.070	0.059	0.050	0.044	0.039	0.035	0.028	0.023
0.010			1.410	0.705	0.470	0.352	0.282	0.235	0.201	0.176	0.157	0.141	0.117	0.101	0.088	0.078	0.070	0.056	0.047
0.020			2.819	1.410	0.940	0.705	0.564	0.470	0.402	0.352	0.313	0.282	0.235	0.201	0.176	0.157	0.141	0.113	0.094
0.030			4.245	2.114	1.410	1.057	0.846	0.705	0.604	0.529	0.469	0.423	0.352	0.302	0.264	0.235	0.211	0.169	0.141
0.040			5.638	2.819	1.879	1.410	1.128	0.940	0.805	0.705	0.626	0.564	0.470	0.403	0.352	0.313	0.282	0.226	0.188
0.050			7.048	3.524	2.349	1.762	1.410	1.175	1.007	0.881	0.783	0.705	0.587	0.503	0.440	0.392	0.352	0.282	0.235
0.060			8.457	4.229	2.819	2.114	1.691	1.410	1.208	1.057	0.940	0.846	0.705	0.604	0.529	0.470	0.423	0.338	0.282
0.070			9.867	4.933	3.289	2.467	1.973	1.644	1.410	1.233	1.096	0.987	0.822	0.705	0.617	0.548	0.493	0.395	0.329
0.080			11.276	5.638	3.759	2.819	2.255	1.879	1.611	1.410	1.253	1.128	0.940	0.805	0.705	0.626	0.564	0.451	0.376
0.090			12.686	6.343	4.229	3.171	2.537	2.114	1.812	1.586	1.410	1.269	1.057	0.906	0.793	0.705	0.634	0.507	0.423

(a) φD₃−φD₁

φD₃　φD₁　L₂　L₃　20°

(b) φD₂−φD₄

φD₂　φD₄　L₂　L₃　20°　20°

のように修正する時は

円筒研削盤（津上）のテーパー修正量（テーブル旋回量）：M＝300×Δd/Lm
但し、Δd＝0.5（D₃−D₁）、300＝テーブル中心〜ダイヤルまでの距離
Lm＝測定長

$M=\frac{L_1}{2}\times\frac{D_3-\phi D_1}{L_2}\times 0.5\ (D_3-\phi D_1)\ \text{or}\ \frac{300}{L_2}\times 0.5\ (D_2-\phi D_4)$ 但し、（L₁：テーブル旋回中心から修正用ダイヤル測定子まで）

広角度テーパー加工に於ける測定長（ここでは斜辺長）早見表並びにテーパー修正量（テーブル旋回量）早見表〈TUGAMI T-UGM350用〉〔1982（S57）.7.2〕

表1.3　テーブル設定角度（20°）に係る測定長及びテーパー修正量早見表〈TUGAMI-TUOM350用〉〔1982（S57）.7.2〕

2/2

設定角度 度	分	L3＝全長〔mm〕	1	2	3	4	5	6	7	8	9	10	12	14	16	18	20	25	30	備考
30°	+30′	L2＝斜辺〔mm〕	1. 161	2. 321	3. 482	4. 642	5. 803	6. 964	8. 124	9. 285	10. 445	11. 606	13. 927	16. 248	18. 569	20. 891	23. 212	29. 015	34. 818	
	+10′		1. 157	2. 313	3. 470	4. 6266	5. 783	6. 940	8. 097	9. 253	10. 410	11. 566	13. 880	16. 193	18. 506	20. 820	23. 133	28. 916	34. 699	
	+5′		1. 156	2. 311	3. 467	4. 623	5. 778	6. 934	8. 090	9. 245	10. 401	11. 557	13. 868	16. 179	18. 491	20. 802	23. 113	28.892	34. 670	
	±0		1. 155	2. 309	3. 464	4. 619	5. 773	6. 928	8. 083	9. 238	10. 392	11. 547	13. 856	16. 166	18. 475	20. 784	23. 094	28. 867	34. 641	$L_2=\frac{L_3}{Cos30^\circ}=\frac{L_3}{0.86603}$
	-5′		1. 154	2. 307	3. 461	4. 615	5. 769	6. 922	8. 076	9. 230	10. 384	11. 537	13. 845	16. 152	18. 460	20. 767	23. 075	28. 843	34. 612	
	-10′		1. 151	2. 302	3. 453	4. 603	5. 754	6. 905	8. 056	9. 207	10. 358	11. 509	13. 810	16. 112	18. 414	20. 715	23. 017	28. 771	34. 526	
	-30′		1. 149	2. 298	3. 447	4. 596	5. 745	6. 894	8. 043	9. 192	10. 341	11. 489	13. 787	16. 026	18. 383	20. 681	22. 979	28. 724	34. 468	

φD3−φD1 / φD2−φD4	L3＝全長〔mm〕 / L2＝斜辺〔mm〕	1	2	3	4	5	6	7	8	9	10	12	14	16	18	20	25	30
		1. 155	2. 309	3. 464	4. 619	5. 773	6. 928	8. 083	9. 238	10. 392	11. 547	13. 856	16. 166	18. 475	20. 784	23. 094	28. 867	34. 641
0. 005	（設定角度30°の時の）M　M＝テーパー修正（ダイヤル目盛量）	0. 649	0. 325	0. 217	0. 162	0. 130	0. 108	0. 093	0. 081	0. 072	0. 065	0. 054	0. 046	0. 041	0. 036	0. 032	0. 025	0. 022
0. 010		1. 345	0. 650	0. 433	0. 325	0. 260	0. 217	0. 199	0. 162	0. 144	0. 130	0. 108	0. 093	0. 081	0. 072	0. 065	0. 052	0. 043
0. 020		2. 597	1. 299	0. 892	0. 649	0. 520	0. 433	0. 371	0. 325	0. 289	0. 260	0. 217	0. 186	0. 162	0. 144	0. 130	0. 104	0. 087
0. 030		3. 896	1. 949	1. 338	0. 974	0. 779	0. 650	0. 557	0. 487	0. 433	0. 390	0. 325	0. 278	0. 244	0. 217	0. 195	0. 156	0. 130
0. 040		5. 195	2. 599	1. 732	1. 299	1. 046	0. 866	0. 742	0. 649	0. 577	0. 520	0. 436	0. 371	0. 325	0. 289	0. 260	0. 208	0. 173
0. 050		6. 494	3. 248	2. 165	1. 624	1. 299	1. 083	0. 928	0. 812	0. 722	0. 650	0. 541	0. 464	0. 406	0. 361	0. 325	0. 260	0. 217
0. 060		7. 792	3. 898	2. 598	1. 948	1. 559	1. 299	1. 113	0. 974	0. 866	0. 779	0. 650	0. 557	0. 487	0. 433	0. 390	0. 312	0. 260
0. 070		9. C91	4. 547	3. 031	2. 273	1. 819	1. 516	1. 299	1. 137	1. 010	0. 909	0. 758	0. 645	0. 568	0. 505	0. 455	0. 364	0. 303
0. 080		10. 390	5. 197	3. 464	2. 598	2. 079	1. 732	1. 485	1. 299	1. 155	1. 039	0. 866	0. 742	0. 650	0. 577	0. 520	0. 416	0. 346
0. 090		11. 688	5. 847	3. 897	2. 923	2. 338	1. 949	1. 670	1. 461	1. 299	1. 169	0. 974	0. 835	0. 731	0. 650	0. 585	0. 468	0. 390

円筒研削盤（津上）のテーパー修正量（テーブル旋回量）：$M=300\times\Delta d/L_m$
但し、$\Delta d=0.5\ (D_3-D_1)$、300＝テーブル中心～ダイヤルまでの距離
L_m＝測定長

$M=\frac{L_1}{2}\times\frac{D_3-\phi D_1}{L_2}\times0.5\ (D_2-\phi D_4)$ or $\frac{300}{L_2}\times0.5\ (D_2-\phi D_4)$ 但し、

〈L_1:テーブル旋回中心から修正用ダイヤル測定子まで
M:テーフブル 修正量（ダイヤル目盛）〉

作業区分 ＼ アタッチメント ＼ ワーク・スペーサー	両センター作業								チャック作業	
	支持センター								三方締めチャック	コレットチャック
	ワークの長さ	スペーサーの厚さ	ワークの長さ	スペーサーの厚さ	ワークの長さ	スペーサーの厚さ	ワークの長さ	スペーサーの厚さ	スペーサーの厚さ	スペーサーの厚さ
スペサー（シックネステープ）の厚さ	12 (mm)	0.03	35	0.05	70	0.03	135	0.03	0.380	0.385
	14	0.045	40	0.02	82	0.03	190	0.03		
	15	0.03	45	0	96	0.03	195	0.03		
	16	0.045	49	0.025	97	0.03	230	0.045		
	17	0.045	50	0.025	110	0.03	280	0.045		
	21	0.03	52	0.025	115	0.03	330	0.045		
	24	0	53	0.025	125	0.03	355	0.055		
	28	0.03	59	0.025	127	0.03				
	30	0.03	65	0.025	130	0.03				

調整要領及び位置関係

※上の数値は、両センター作業、チャック作業とも、主軸尾部がテーブル端に位置している場合の時のものである（右図参照）。

円筒研削（側面研削）アヤメ模様出し調整標準（津上用）1982.2.9作成：髙橋邦孝
調査・検討期間（1981.4.13～12.5）　アヤメ模様〔円研シリーズNo.1－表3.1〕を引用

Studer-S30用　テーブル送りスピード早見表〔1989（H1.5.31）作成〕

送り目盛	送りスピード〔mm/min〕	送り目盛	送りスピード〔mm/min〕	送り目盛	送りスピード〔mm/min〕	送り目盛	送りスピード〔mm/min〕	送り目盛	送りスピード〔mm/min〕
0		3.0	85.0	6.0	390	9.0	972	12.0	1740
0.1		3.1	91.6	6.1	405	9.1	994.8	12.1	
0.2		3.2	98.2	6.2	420	9.2	1017.6	12.2	
0.3		3.3	104.8	6.3	435	9.3	1040.4	12.3	
0.4		3.4	111.4	6.4	450	9.4	1063.2	12.4	
0.5		3.5	118.0	6.5	465	9.5	1086.0	12.5	
0.6		3.6	124.4	6.6	480	9.6	1108.2	12.6	
0.7		3.7	130.8	6.7	495	9.7	1131.6	12.7	
0.8		3.8	137.2	6.8	510	9.8	1154.4	12.8	
0.9		3.9	143.6	6.9	525	9.9	1177.2	12.9	
1.0	1.0	4.0	150.0	7.0	540	10.0	1200.0	13.0	1920
1.1	2.5	4.1	160.8	7.1	564	10.1	1242		
1.2	4.0	4.2	171.6	7.2	588	10.2	1284		
1.3	5.5	4.3	182.4	7.3	612	10.3	1326		
1.4	9.8	4.4	193.2	7.4	636	10.4	1368		
1.5	14.0	4.5	204.0	7.5	660	10.5	1410		
1.6	15.7	4.6	214.8	7.6	684	10.6	1452		
1.7	17.3	4.7	225.6	7.7	708	10.7	1494		
1.8	19.0	4.8	236.4	7.8	732	10.8	1536		
1.9	25.0	4.9	247.2	7.9	756	10.9	1578		
2.0	31.0	5.0	258.0	8.0	780	11.0	1620		
2.1	36.2	5.1	271.2	8.1	799.2				
2.2	41.4	5.2	289.4	8.2	818.4				
2.3	41.6	5.3	297.6	8.3	837.6				
2.4	51.8	5.4	310.8	8.4	856.8				
2.5	57.0	5.5	324.0	8.5	876.0				
2.6	62.0	5.6	337.2	8.6	895.2				
2.7	67.0	5.7	350.4	8.7	914.4				
2.8	72.0	5.8	363.5	8.8	933.6				
2.9	78.5	5.9	376.8	8.9	952.8				

Studer-S30用　自動プランジ切り込み早見表〔1989（H1.8.19）作成〕

スロットル目盛	粗切り込み調整用速度（φ mm/min）	中切り込み調整用速度（φ mm/min）	備考
2.25			〔表の活用要領〕
2.375			
2.5			例
2.675			
2.75		0	ⓐ 主軸回転数180rpmの時
2.875		0.003	ⓑ φ0.01/revで切り込み
3		0.01	たい。スロットル目盛を
3.125		0.028	幾らにすれば良いか。
3.25		0.055	
3.375		0.078	1）ⓐ×ⓑ＝ⓒを求める。
3.5		0.105	180×0.01＝1.8
3.675		0.13	
3.75	0.0055	0.157	2）ⓒの近似値を探す。
3.875	0.058	0.198	1.7862
4	0.1	0.235	
4.125	0.19	0.275	3）速度に対応したスロッ
4.25	0.282	0.305	トル目盛を探す。
4.375	0.37	0.355	5.376（粗切り込み）
4.5	0.512	0.413	
4.625	0.635	0.485	
4.75	0.752	0.544	
4.825	0.946	0.578	
5	1.108	0.617	
5.125	1.256	0.68	
5.25	1.562	0.73	
5.375	1.762	0.83	
5.5	2.028	0.896	
5.625	2.252	0.98	
5.75	2.47	1.066	
5.875	2.802	1.10	
6	3.003	1.154	
※速度の測定〔1989（H1.8.17）〕			

Studer-S30用 自動トラバース切り込み早見表〔1991（H3.3.4）作成〕

スロットル目盛	粗切り込み調整用速度（φ μm/1反転）	中切り込み調整用速度（φ μm/1反転）	備考
2.5		0	
2.75		0.66	
3		1.2	
3.25		1.66	
3.5	0	2.5	
3.75	0.71	2.86	
4	1.25	3.75	
4.25	2.5	4	
4.5	4.44	5	
4.75	6.15	6	
5	9.4	6.66	
5.25	11.54	7.5	
5.5	15.83	8	
5.75	19.23	8.88	
6	23.33	10	
6.25	27.5	11.67	
6.5	32	12.5	
6.75	37.5	13.33	
7	42.85	15	

径別　膨張の割合　（Ｆｅ系）

温度差 外径	20℃の時 ±　1℃	2	3	4	5	6	7	8
φ10	0.000117	0.000234	0.000351	0.000468	0.000585	0.000702	0.000819	0.000
15	0.000176	0.000351	0.000528	0.000704	0.000875	0.001056	0.001232	0.015
20	0.000234	0.000468	0.000702	0.000936	0.001770	0.001404	0.001638	0.001
25	0.000293	0.000586	0.000879	0.001720	0.001465	0.001465	0.002051	0.002
30	0.000351	0.000702	0.001053	0.001404	0.001755	0.001755	0.002453	0.002
32	0.000374	0.000748	0.001122	0.001496	0.001870	0.002244	0.002618	0.002
34	0.000398	0.000796	0.001194	0.001592	0.001990	0.002388	0.002786	0.003
36	0.000421	0.000842	0.001263	0.001684	0.002105	0.002526	0.002947	0.003
38	0.000445	0.000890	0.001335	0.001780	0.002225	0.002670	0.003115	0.003
40	0.000468	0.000936	0.001404	0.001872	0.002340	0.002808	0.003276	0.003
42	0.000491	0.000982	0.001473	0.001964	0.002455	0.002946	0.003437	0.003
44	0.000515	0.001030	0.001545	0.002060	0.002575	0.005090	0.003605	0.004
46	0.000538	0.001076	0.001614	0.002152	0.002690	0.002328	0.003766	0.004
48	0.000562	0.001124	0.001686	0.002248	0.002810	0.003372	0.003934	0.004
50	0.000585	0.001170	0.001755	0.002340	0.002925	0.003510	0.004095	0.004
52	0.000608	0.001216	0.001824	0.002432	0.003040	0.003648	0.004256	0.004
54	0.000632	0.001264	0.001896	0.002528	0.003160	0.003792	0.004424	0.005
56	0.000655	0.001310	0.001965	0.002620	0.003275	0.003930	0.004585	0.005
58	0.000679	0.001358	0.002037	0.002716	0.003395	0.004074	0.004753	0.005
60	0.000702	0.001404	0.002110	0.002810	0.003510	0.004212	0.004914	0.005

作成：　紺野実氏〔1980（S55.）〕

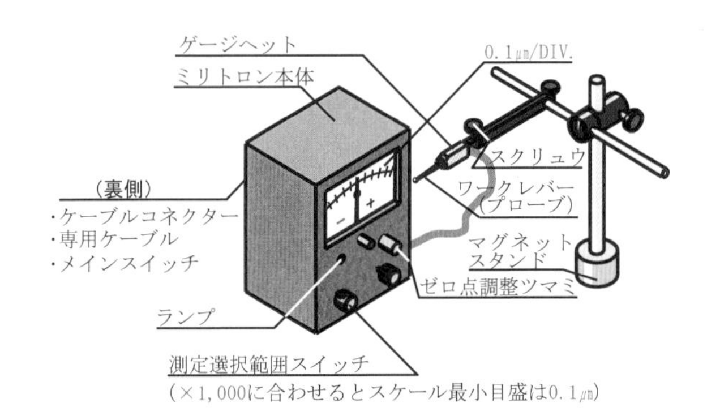

millitron (Mahr) typ1202 I c（イメージ図）並びに測定器等の例

円筒研削盤作業の測定に係る機器・工具・消耗品の例（13/13）

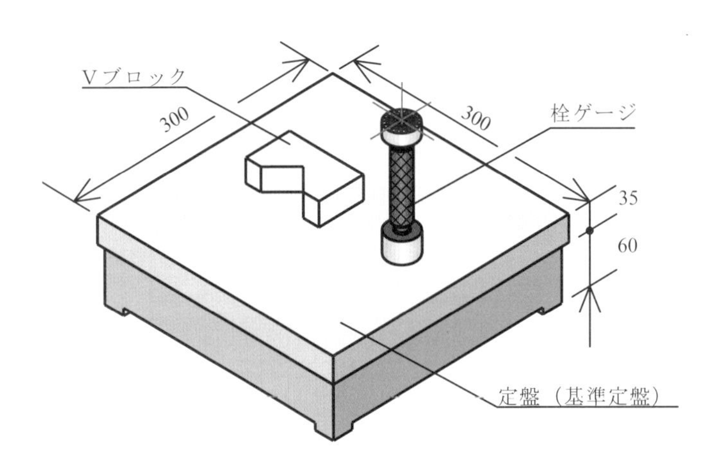

定盤（基準定盤）、栓ゲージ、Vブロック

円筒研削盤作業の測定に係る機器・工具・消耗品の例（12/13）

第３部のまとめ

当、円研シリーズNo.７の執筆当時を省みれば、行ってきた円研作業の内容を最大漏らさず網羅したい気持ちで臨んでいた。原本を手にしてみると、あるページは図・文字・数値がよく読み取れない部分があり、再編成するのに手間がかかった。これまで何遍も読み直し筆を入れ、経年を要したことを物語っている。

実務の一方では、作業性の向上・技能の向上の実を上げるため、道具の改善に相当な時間を掛けてきた。特に数表は、業務で使う道具であることを強く認識·意識して作業の標準化に繋げてきた。この推進の源は、機械特有の特性を業務の中で把握できた所にある。

作成した数表の中には誤りの資料になってしまった物もあった。当然数表は使い物にならなかった。作り直しの期を狙っていたが結局手付かずのままとなっていた。

原本作成後も多くの研削加工に携わってきた。その経緯もあって、ここに記述された特性以外にも数値化出来る特性を見つけてきた。砥石のバランス特性はその一つである。加筆必要の思いもあったが内容のボリュームが大きく、次の機会に割愛することにした。この思いを記しておくため、手作り著書の表紙裏面にはバランス取りの概念図を小さく画き添えておいた。

熊谷義昭氏（当時、生産技術部次長）から若年技能者育成の要請を受けて始めたことは、円研シリーズNo.７をもって一応の締め括りとしてきた。

誤りの数表の修正・再作成が出来た今、抱え込んできたもやもやが晴れわたり、爽快な気分である。

（2015.12.30）

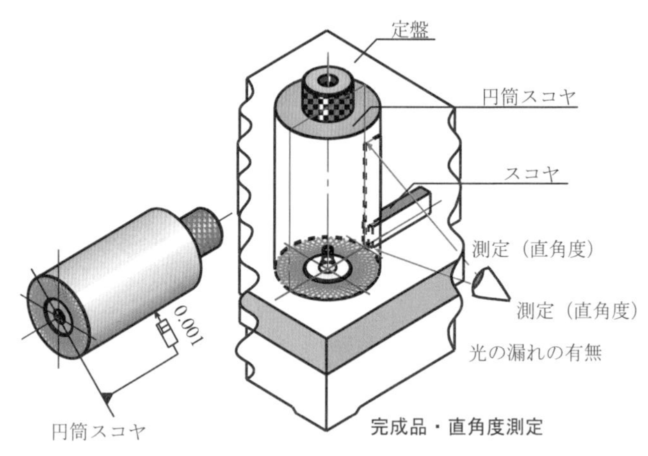

加工された円筒スコヤの直角度測定段取り図
円筒研削盤作業の測定に係る機器・工具・消耗品の例（10/13）

エピローグ

携わっていた当時の円筒研削盤作業の技術情報は、ワーク（被加工物）が削られると同時に、また作業が行われる度に湧き出し噴き出して来るので、生の技術情報はおびただしい量になった。また、携わっている者にとってはすこぶる新鮮なものであった。しかし、当初はこの技術の情報を整理し公表する術と勇気に欠け、世に曝せない罪深い鬱積物となっていた。もどかしさが募る焦りがここに来て、即刻この域を脱け出せ！と強く煽り立ててくれたのである。

いつしか社内にはISO認証制度・国際標準化機構の取り組みが始まり、QC思想が流れわたった。教育の機会が頻度を増し、QC教育の環境の中で特性要因図（QCの七つ道具の一つ）というものを享受した。結果（特性）をもたらす要因（結果をもたらす要素）の関係が判り、理解しづらかった機械の癖を「機械の特性」という考えに切り替えることにした。測定結果の数値を重視し、これを整理して得たデータを基に不具合を起こした要因を特定し解析を進め、その特性を数値で掴む手法を定常化して作業の改善に繋げていった。

第1章ではテーパー加工とアヤメ模様の創製を取り上げた。前者はテーブル旋回角度の設定・調整作業に係る幾何特性、後者は主軸台と心押し台の心高差の修正用シックネステープ挿入によるアヤメ創製作業に係る幾何特性について述べた。

また、能研削盤型式構造の円筒研削盤作業者が理解しておくべき機械構造と特性（砥石台、主軸台と主軸、心押し台並びに心押し機構、旋回テーブル、油圧機構等）と、機構の機能と精度を取り上げた。加工時には各構造の性能とその動きの絡みの中で起こる有機的な各種特性を如何に有効に（取捨選択）生かすか、加工条件の良い設定が求められることを述べてきた。

第2章では円研加工の現場で行われているステ研と称する作業を取り上げてみた。ワークの試し削りをしたり、許容精度の値を得るために加工条件に修正を加え修正削りを行う作業がある。旋盤加工、フライス加工では単にステ削りと呼ばれている作業である。

何度か加工修正作業を試み、目的の許容精度が得られるかどうかの見通しができた時（寸法・面性状）ステ研作業は終わりである。一般の加工では俗に試し削りの概念（この面を一発なめるという職場内の作業言葉）にしている。また単に一発削って加工面をきれいにしたり、測定の基準面確保のために用いられる作業もある。ここで得た加工条件でオーダー仕様の加工に移行する。シリーズ物の切り替えや、日常作業のスタート時の加工、時間間隔の開いた変動が予想される加工等に用いられる技法の一つとなっている。

一方、切削を行う加工では、最終加工の面だけは残されるが、その直前まで行ってきた加工の表面はすでに削除されていて、仕上げ前加工の内容をうかがい知ることができない機械工学上の特徴がある。すなわち、最終の加工を除く以前に行った加工（皮剥き加工の粗・中加工等）の作業内容は掴めない作業である。

除去加工であるステ研は無駄作業と思われる節があるが、加工精度出しには必要不可欠な重要な目的を持っている補助作業である。加工に現れる特性を的確に掴み、加工条件を設定することで単位当たりの時間を減らすことができる。

第３章においては、加工品の精密測定に用いる指示マイクロの測定面偏差の特性を掴んで、適切且つより確実な使い方について述べた。また、被加工物と測定器には起因する物理的影響（温度差）による膨張収縮の問題が起こることや、砥石のアンバランスによる品物の出来栄えが変わることを事例をもって示してきた。

また、研削機内の冷却水の一日の研削液温推移等を捉えて、その特性を作業に生かしていく事例を示してきた。また、アタッチメント、製作機器、工具加工設備には改善を加え機能の幅を広げる必要を例示した。

著者は若年技能者の指導や、技能の継承・伝承に携わってきた経緯がある。指導が如何にあるべきかを考えるとき、自分のものづくりに係る成り立ちを振り返ることがある。

中学当時、学校の先生も、街の人も、また親父お袋も、誰も乗ったことのない飛行機に乗りたかった。県の大会で優勝すれば本物の飛行機に乗れるとあって、中学一年の時から四六時中夢中になってライトプレーン「桟木の一本胴に、リブ（小骨）を竹ひごで囲った枠上に紙貼りした翼を取り付けた模型飛行機」づくり（製作・滑空テストと各部調整・飛ばし方）にのめり込んだ時期があった。極めつけは厳寒真冬、真夜中の路上での滑空テストと調整、今思うと狂気の沙汰だった。

中三の時、宮城野原での宮城県大会で二つ年下の実弟に貸し与えた飛行機が一位の記録を出した。表彰式の時にはなぜか私が第一位として呼び出された。「対空時間2分55ぼう（2分55秒)」と読み上げられ、会場は笑いの中で閉会した。

（1956TOKYO）第二回全日本学童模型飛行機競技大会県大会（主催：日本学校工作普及会、協賛：セメダイン㈱）の宮城県大会に於いて優勝し、県代表として全国大会に出場した。東京遊覧の飛行機に乗り（全国大会出場の記念バッジを貰った）夢が叶った。

翌日は東京多摩川運動場で全国大会に出場、感無量であった。後に聞いた話では、石巻地区を率いておられた代表が「エントリー手続きを間違えた」と大会本部に申し出て受理されたという。何のクレームもなく今日に至っている。

日本学校工作普及会、㈱セメダイン、大人子供の飛行機マニアが一体となって我が背を押してくれたのであろう。なんという大らかな人情のある時代だったか、懐かしく思い出される。ものづくりの楽しさはその時分に培われ今日に至っている。

自作の飛行機を見せてくれたり、作り方、飛ばし方を教えて下さった担任の佐藤眞先生、手伝いさせて頂いてグライダー飛ばしをしたり、テルミック（上昇気流）の話をして下さった模型店主の畠山さん、色々の型のライトプレーンを見せて頂き翼型とリブのアーク（円弧：曲り形状）を教えて下さった白髪の伊藤さん、重心位置（主翼全幅の1/3）の位置のところで！と教えてくれた近隣のマニア、「おまえは来年必ず優勝するよ！」と励ましてくれた一年上級の菅原さん、きれいに紙貼りして、糸ゴムをきちんとまとめて空気抵抗を小さく！とアドバイスしてくれた実兄、多くの人の温かい支援によるものだった。おおらかで楽しいものづくりの環境の中で技術・技能が育まれた。

円研加工の仕事では、不具合が生じた都度、加工・測定した数値を整理し解析を進めた。データをQC手法を基に理数程度の知識で愚直にグラフ化・数式化・数表化して特性を掴むことに挑んできた。それを実作業のソフト（道具の一つ）として展開し成果に繋げてきた。作成するときは手間がかかったが、見やすく、扱い易くした早見表（数式・数表化・グラフ化）は作業の能率・効率・歩留り・ものづくりの確実性の確保には有効に機能した。極め付けはなんと言っても技能のスキルアップ（固有技術を確立）として体得できたことだ。

企業人は、どんなものづくりに於いても、品質・能率・効率を求められること言わずもがなである。良い加工をするために、主要因に係る的を射た不具合特性を掴み取りこれを除去し、問題が解決され次工程に送られ、喜ばれ安心して得られる質の高い仕事に結び付けて行かなければならない。

各種の測定（寸法、機械の運転速度、各種温度測定、測定方法・要領）とデータ取り、解析（グラフ・理数・数式化等）による特性のみえる化を図った事例を示してきた。この基になった手づくり本（学生の指導用補完して作成した）は、東日本大震災前後に当たる期間に作成したもので、内容の面で十分とはいえないもどかしさが残っている。捲土重来のチャンスを狙っていたが、今度はコロナ禍の中に置かれる始末で内容の充実は薄れている。

ものづくりの仕事に携わってからしばらくの間、「機械の癖」とはどういうものか判らないままだった。しかし、経年して後、QC思想の到来に会い、数値をデータ化することで掴み得ることが判った。そして特性要因図を用い、データづくり、グラフ化、数式の確立、みえる化を進めることで可能になった。

特性を掴むためには、なんと言っても良いデータを得ることが肝心、その上で特性を数値できちんと捉えていく考え方を奨めたい。

企業内のものづくりは、技能者集団の中で行われていることから急激に体制を変えるのは至難である。緩やかな足取りでも良い、時間を掛けて掴む勘重視の職人的ものづくりから脱却し、掴んだ特性の数値を効果的に生かしていける、精鋭の技能者の時代に向かって欲しい。同時に、若年技能者が、大らかな温もりを醸し出している職場の中で成長し、懸命にやれば夢が報いられるものづくりをつとに祈念している。

上梓に当り、宮城県職業能力開発協会会長小林嵩様には推奨のお言葉を頂き、また、株式会社金港堂出版部部長菅原真一様には度重なる御足労を頂き、丁寧な御指導を賜りました。心から感謝を申し上げます。

髙橋　邦孝

〈略歴〉

・1941年10月宮城県石巻市生まれ・1960年3月理研光学工業㈱〔現㈱リコー〕入社・1965年3月日本大学商学部卒業・1969年10月～1970年10月三愛へ派遣〔日本万国博リコー館勤務、バルーン（直径25m）組立、設置、操作に従事〕・1973年3月東北リコー㈱に転出・1993年3月特級機械加工技能者・1994年3月特級仕上げ技能者・1995年3月特級機械検査技能者・2001年10月東北リコー㈱退社・2002年6月～2018年3月宮城県柴田町シルバー人材センター〔独自事業（刃物研ぎ）〕・2004年3月～2010年11月和光技研工業㈲（柴田町シルバー人材センター会員として内面研削加工に従事）・2004年6月～2020年3月宮城県立仙台高等技術専門校（機械科）講師・2005年6月～2016年9月（社）宮城労働基準協会仙台支部砥石講習講師・2009年4月熟練技能者・2009年8月厚生労働省高度熟練技能者〔機械加工（一般機械器具製造関係分野）・2009年10月職業訓練指導員免許（機械科）・2009年12月技能継承等インストラクター〔独立行政法人雇用・能力開発機構〕・2010年4月～プラスエンジニアリング㈱技術顧問、現在に至る・2013年～2014年柴田町環境指導員・2013年7月厚生労働省ものづくりマイスター（機械加工）・2014年11月宮城県知事表彰「公共職業訓練功労」・2015年～企業の若年技能者人材育成に係る講師として、現在に至る〔H27年度～28年度㈱アルコム様、H28年度～30年度青木SS㈱様、H29年度㈱岩沼精工様〕・2021年1月厚生労働省ものづくりマイスター3職種認定（機械加工、仕上げ、機械検査）・2021年5月著書『円筒研削盤作業金型・治工具・試作部品加工』・2020年3月著書『円筒研削盤両センター作業円周振れ精度に係る調査・解析・考察・研削外周概形作図法』・2022年5月～㈱大善製作所勤務（柴田町シルバー人材センター）・2022年9月公益社団法人表彰「事業発展功労（柴田町シルバー人材センター）」

カバー、本文中の図表は著者が作成

円研作業シリーズ（4&6.7）
円筒研削盤作業 特性を掴む
得たデータを理数で解析、見極めて特性を生かす

令和5年3月15日　初　版

著　者　髙橋　邦孝
発行者　藤原　直
発行所　株式会社金港堂出版部
仙台市青葉区一番町二丁目-3-26
電話仙台（022）397-7682
FAX 仙台（022）397-7683
印刷所　株式会社ソノベ

ISBN 978-4-87398-154-3